틈만 나면 보고 싶은
융합 과학 이야기

로봇과
비밀이
생겼어!

틈만 나면 보고 싶은 융합 과학 이야기
로봇과 비밀이 생겼어!

초판 1쇄 인쇄 2016년 11월 25일
초판 1쇄 발행 2016년 12월 2일

글 이은희 | **그림** 유남영 | **감수** 구본철

펴낸이 이욱상 | **편집팀장** 최은주 | **책임편집** 최지연
표지 디자인 마루·한 | **본문 편집 · 디자인** 구름돌
사진 제공 Getty Images/이매진스, 주식회사 로보트태권브이

펴낸곳 동아출판㈜ | **주소** 서울시 영등포구 은행로 30(여의도동)
대표전화(내용·구입·교환 문의) 1644-0600 | **홈페이지** www.dongapublishing.com
신고번호 제300-1951-4호(1951. 9. 19.)

©2016 이은희·동아출판

ISBN 978-89-00-40987-1 74400 978-89-00-37669-2 74400 (세트)

틈만 나면 보고 싶은
융합 과학 이야기

로봇과 비밀이 생겼어!

글 이은희 그림 유남영

감수 구본철(전 KAIST 교수)

동아출판

미래 인재는 창의 융합 인재

이 책을 읽다 보니, 내가 어렸을 때 에디슨의 발명 이야기를 읽던 기억이 납니다. 그때 나는 에디슨이 달걀을 품은 이야기를 읽으면서 병아리를 부화시킬 수 있을 것 같다는 생각도 해 보았고, 에디슨이 발명한 축음기 사진을 보면서 멋진 공연을 하는 노래 요정들을 만나는 상상을 하기도 했습니다. 그러다가 직접 시계와 라디오를 분해하다 망가뜨려서 결국은 수리를 맡긴 일도 있었습니다.

지금 와서 생각해 보면 어린 시절의 경험과 생각들은 내 미래를 꿈꾸게 해 주었고, 지금의 나로 성장하게 해 주었습니다. 그래서 나는 어린 학생들을 만나면 행복한 것을 상상하고, 미래에 대한 꿈을 갖고, 꿈을 향해 열심히 도전하고, 상상한 미래를 꼭 실천해 보라고 이야기합니다.

어린이 여러분의 꿈은 무엇인가요? 여러분이 주인공이 될 미래는 어떤 세상일까요? 미래는 과학 기술이 더욱 발전해서 지금보다 더 편리하고 신기한 것도 많아지겠지만, 우리들이 함께 해결해야 할 문제들도 많아질 것입니다. 그래서 과학을 단순히 지식으로만 이해하는 것이 아니라, 세상을 아름답고 편리하게 만들기 위해 여러 관점에서 바라보고 창의적으로 접근하는 융합적인 사고가 중요합니다. 나는 여러분이 즐겁고 풍요로운 미래 세상을 열어 주는, 훌륭한 사람이 될 것이라고 믿습니다.

　동아출판 〈틈만 나면 보고 싶은 융합 과학 이야기〉 시리즈는 그동안 과학을 설명하던 방식과 달리, 과학을 융합적으로 바라볼 수 있도록 구성되었습니다. 각 권은 생활 속 주제를 통해 과학(S), 기술 공학(TE), 수학(M), 인문예술(A) 지식을 잘 이해하도록 도울 뿐만 아니라, 과학 원리가 우리 생활을 편리하게 해 주는 데 어떻게 활용되었는지도 잘 보여 줍니다. 나는 이 책을 읽는 어린이들이 풍부한 상상력과 창의적인 생각으로 미래 인재인 창의 융합 인재로 성장하리라는 것을 확신합니다.

전 카이스트 문화기술대학원 교수 구본철

놀라운 로봇의 세계로

지난 2015년, 인터넷에서는 한 로봇 제작 회사가 발표한 영상을 둘러싸고 큰 논란이 있었어요. 이 영상에서 한 사람이 '스팟'이라는 로봇 개를 발로 세게 걷어찹니다. 발에 걷어차인 스팟은 잠시 비틀거리다가 다시 중심을 잡습니다. 로봇 회사가 이 영상을 공개한 이유는 강한 충격을 받아도 넘어지지 않고 균형을 잡을 수 있는 로봇을 만들었다는 사실을 자랑하기 위해서였지요. 하지만 이 영상이 공개되고 난 뒤, 로봇 회사는 엄청난 비난에 시달렸답니다. 로봇 개를 발로 걷어찬 건 잔인한 일이며, 이런 나쁜 짓을 공공연하게 자랑하는 건 잘못된 행동이라는 것이었죠.

이 사건은 일시적 해프닝으로 지나갔지만, 저는 많은 생각을 했답니다. 스팟은 움직이기는 하지만 살아 있는 생물이 아닌 로봇이지요. 그래서 고통이나 감정을 느끼지는 못할 텐데 왜 사람들은 스팟을 때리는 것에 그토록 민감하게 반응했을까요? 저는 이 사건에서 사람들이 어느샌가 로봇을 기계나 무생물과는 다른 존재로 받아들이게 되었다는 생각이 들었어요. 로봇은 어느새 우리 사회 곳곳에 널리 쓰이고 있고, 앞으로 더욱 가까이 다가올 거예요. 그때 우리는 로봇을 어떻게 대하고 받아들여야 할까요? 사람처럼, 동물처럼, 기계처럼? 아니면 친구로, 적으로, 하인으로?

조만간 다가올지도 모를 로봇 사회에서 로봇과 잘 어울려 살아갈 수 있는 방법이 무엇인지 고민하면서 이 책을 쓰게 되었어요.

로봇

1장 로봇은 사람을 닮았어
과학) 우리 몸의 구조와 기능

2장 로봇은 스스로 움직여
기술공학) 로봇의 작동 원리

3장 로봇도 어려운 일이 있어
수학) 디지털과 아날로그, 이진법

4장 로봇은 우리와 함께해
인문예술) 감성을 전하는 로봇

로봇은 사람이 아니지만 단순한 기계도 아니에요. 지금껏 우리가 알던 존재들과는 전혀 다른 존재라는 것이죠. 이 낯설고도 친근한, 살아 있지 않으면서도 살아 있는 듯한 로봇과 함께 살아가기 위해서는 먼저 그들이 어떤 존재인지 알 필요가 있을 거예요. 자, 지금부터 로봇들이 어떤 존재인지 한번 살펴보러 떠나 볼까요?

이은희

차례

1장

로봇은 사람을 닮았어

2장

로봇은 스스로 움직여

3장 로봇도 어려운 일이 있어

4장 로봇은 우리와 함께해

1장

로봇은
사람을
닮았어

알로와의 만남

"생일 축하해, 민형아."

민형이는 오늘 기분이 정말 좋아요. 생일 선물로 받고 싶었던 무선 조종 로봇을 받았거든요. 겨우 민형이 무릎 정도 오는 작은 로봇이지만, 두 발로 걷거나 물건을 들어 올리거나 장애물을 요리조리 피하도록 리모컨으로 조종할 수 있어요. 또 인터넷에서 프로그램을 내려받아 춤을 추게 할 수도 있는 꽤나 **똑똑한** 녀석이에요. 민형이는 이 로봇에게 '알로'라는 이름을 붙여 주었어요. '알고 싶은 로봇'이라는 뜻이었죠.

그런데 알로를 선물 받고 난 뒤에 신기한 일이 일어났어요. 민형이가 자려고 침대에 누웠더니 알로의 눈이 **반짝이면서** 살아나는 것이었지요. 마치 오래전부터 알고 지낸 친구처럼 알로는 민형이에게 친근하게 말을 걸기 시작했어요.

민형아, 축하해! 생일 선물이야.

우아, 로봇이다!

"민형아, 민형아. 내가 보이니?"

한참 단잠을 자던 민형이는 **잠결에** 누군가 부르는 소리를 들은 것 같았어요. '누구지?' 하는 생각이 든 순간, 이상한 일이 일어났어요. 분명히 눈을 감고 있는데 마치 눈을 **번쩍** 뜬 것처럼 뭔가가 보이는 거예요. 눈을 감아도 보인다니 정말 신기했어요. 그때 낯익은 무언가가 보였어요. 바로 낮에 선물 받은 로봇 '알로'였어요.

"민형아, 안녕! 이제 내가 보이는구나. 다행히 신경 접속이 제대로 되었나 보네. 내가 누군지는 알지? 난 미래에서 왔어."

"너, 넌 알로잖아. 네가 말을 하다니 도대체 어떻게 된 거지? 더구나 난 지금 분명히 눈을 감고 있는데 네가 보여."

윙-

그 순간 민형이는 입술을 벌리지도 않았는데 자신의 생각이 말로 나온다는 사실을 깨달았어요. 눈을 감고도 볼 수 있고, 입을 다물고도 말할 수 있는 게 마치 머릿속에서 눈과 입과 귀가 모두 열린 것 같았어요.

눈을 감고 있는데 네가 보이다니 신기해.

"그건 내 인공 지능이 너의 뇌와 직접 연결되었기 때문이야. 너랑 연결하는 데 시간이 좀 오래 걸려서 실패한 줄 알았어. 성공해서 정말 다행이야."

"그게 다 무슨 소리야?"

민형이는 어안이 **벙, 벙**했어요.

"앞으로 차근차근 설명해 줄게. 어쨌든 나의 휴머노이드 세계에 온 걸 환영해. 난 낮에는 장난감 로봇이지만, 보다시피 밤에는 휴머노이드 세계에 접속할 수 있는 능력을 가진 진짜 로봇으로 변해."

"휴머노이드 세계라고? 내가 꿈을 꾸고 있는 건가?"

민형이는 감은 눈을 손으로 비볐어요.

"하하, 꿈이랑 비슷하지만 조금은 달라. 꿈은 겪었던 일이나 기억을 뇌가 마구 뒤섞어서 보여 주지만, 이건 미래나 머나먼 과거로 여행을 떠나는 거야. 말하자면 시간의 어긋남 같은 거지. 어쨌든 오늘 접속에 성공했으니까 앞으로 매일 밤 네가 잠들면 다시 접속할 수 있어."

"좀 이상하지만 멋진걸. 그런데 **휴머노이드가** 도대체 뭐야?"

"휴머노이드란 사람을 닮은 인간형 로봇을 의미해. 오늘은 첫날이니까 인사만 하고 갈게. 내일은 로봇의 역사에 대해 알아보자."

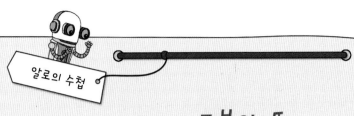

로봇의 뜻

로봇(robot)이라는 말을 들으면 많은 사람들은 금속으로 만들어졌으며 전기를 이용해 스스로 작동하는 기계를 떠올린다. 여기서 중요한 건 '스스로 작동하는 기계'라는 말이다. 사람이 이리저리 끌고 다녀야 하는 청소기는 로봇이라고 하지 않지만, 스스로 돌아다니며 먼지를 빨아들이는 청소기는 '로봇 청소기'라고 하는 것처럼 말이다.

그리고 많은 사람들이 '로봇'이라는 말에서 스스로 움직이는 기계보다 더 구체적인 이미지, 즉 '스스로 움직이고, 생각할 줄 아는, 사람을 닮은 기계'를 떠올린다. 국어사전에서도 로봇의 뜻을 아래와 같이 정의한다.

로봇(robot)

「1」 인간과 비슷한 형태를 가지고 걷기도 하고 말도 하는 기계 장치. 인조인간.

「2」 어떤 작업이나 조작을 자동적으로 하는 기계 장치.

난 사람을 닮은 로봇, 알버트 휴보야.

자동인형을 찾아서

　다음 날 아침, 자명종 소리에 잠이 깬 민형이는 알로를 찾아 방 안을 두리번거렸어요. 알로는 자기 전에 민형이가 세워 둔 곳에 그대로 있었지요.

　'와, 나한테 진짜 로봇 친구가 생겼구나!'

　민형이는 온종일 콧노래를 부르며 다녔어요. 알로를 만난다는 생각에 숙제를 하는 시간마저도 즐거웠어요. 잠들기 전에 민형이는 방 한쪽에 세워 둔 알로의 볼을 쓰다듬으며 말했어요.

　"알로, 조금 있다 만나자."

　"오늘은 어제보다 더 빨리 연결되었네. 민형아, 내 손을 잡아."

　약속대로 민형이를 찾아온 알로는 손가락이 네 개인 손을 불쑥 내밀었어요. 그러고 보니 원래는 키가 민형이의 무릎 정도밖에 안 되는 작은 알로가 민형이의 어깨까지 커져 있었어요. 어쩌면 민형이가 알로에 맞게 작아진 것일지도 모르지만요.

　"이렇게 내 손을 잡고 있으면 휴머노이드 세계에서 내가 가는 곳은 어디든지 함께 갈 수 있어. 그 대신 이동할 때 절대 손을 놓으면 안 돼. 휴머노이드 세계는 꽤 복잡해서 길을 잃을 수도 있거든. 자, 출발!"

　민형이는 떨림 반 설렘 반

내 손을 놓치지 않게 꼭 잡아.

이 태엽은 인형이 펜을 쥐고 글을 쓰는 데 꼭 필요한 부품이야.

← 피에르 자케드로

의 심정으로 알로의 손을 꽉 잡았어요. 순간, 마치 리모컨을 누르면 TV 채널이 바뀌는 것처럼 순식간에 눈앞의 광경이 바뀌었어요.

민형이의 눈에 그림 같은 알프스의 어느 마을이 보였어요. 파란 하늘과 **뾰족한** 산봉우리의 멋진 풍경에 감탄할 틈도 없이 알로는 민형이를 어떤 집 안으로 데리고 들어갔어요. 약간 어두운 집 안에는 태엽과 나사와 용수철이 바닥에 떨어져 있었어요. 그리고 **우스꽝스러운** 머리 모양을 한 남자가 열심히 인형을 만들고 있었어요. 마치 글을 쓸 것처럼 손에 깃털 펜을 쥐고 있는 남자아이 인형이었지요.

"저 사람은 누구야? 여긴 어디이고?"

"지금은 1770년대로, 저 사람은 피에르 자케드로라는 스위스의 유명한

우아, 글을 쓸 때 시선이 펜 끝을 따라가고 있어.

피에르 자케드로가 만든 작가 자동인형이다.
잉크를 찍을 때는 고개도 따라서 돌아간다.

시계 제작자야."

"인형 만드는 사람 아니었어? 지금 저 사람이 만드는 건 시계가 아니라 인형인데?"

"맞아. 오늘 내가 너에게 보여 주고 싶었던 게 바로 저 인형이야. 사람들은 아주 오래전부터 자신들을 닮은 기계를 만들고 싶었어. 자케드로도 마찬가지였지. 자케드로는 시계를 움직일 때 쓰는 태엽을 이용하면 사람의 행동을 흉내 내는 인형도 만들 수 있을 거라고 생각했어. 그래서 인형 안에 **태엽 장치**를 달아서 사람의 행동을 흉내 내는 인형을 만드는 데 성공했지. 그렇게 만들어진 인형을 스스로 움직인다는 뜻에서 자동인형, 영어로는 오토마타(automata)라고 불렀어. 오토마타는 나와 같은 휴머노이드의 아주 오래된 조상인 셈이야."

알로의 설명이 끝날 때쯤 자케드로가 인형에서 손을 떼었어요. 그러자 태엽이 **철컥철컥** 돌아가는 소리가 나면서 인형이 천천히 움직였어요.

"우아, 인형이 움직이잖아? 인형이 혼자 글씨를 쓰고 있어. 이 시대에 자동이라니 진짜 대단하다!"

민형이는 연방 감탄사를 쏟아 냈어요. 만족스러운 얼굴로 인형을 지켜보

던 자케드로는 다른 방에서 인형 두 개를 더 가져왔어요. 하나는 또 다른 펜을 든 남자아이 인형이었고, 다른 하나는 화려한 드레스를 곱게 차려입은 여자 인형이었어요. 자케드로가 인형의 등 쪽에 있는 태엽을 각각 작동시키자, 펜을 든 인형은 마치 화가처럼 멋진 그림을 슥슥 그리기 시작했고, 여자 인형은 앞에 놓인 오르간의 건반을 누르며 아름다운 음악을 연주했어요. 민형이의 눈은 더 동그래졌고, 입은 쩍 벌어졌어요.

"무려 250여 년 전에 저런 인형을 만들어 냈다는 게 정말 신기하지?"

알로는 호기심 가득한 얼굴로 자동인형을 쳐다보는 민형이를 보며 흐뭇한 미소를 지었어요.

피에르→
자케드로

화가 인형은 2,000개, 음악가 인형은 2,500개, 작가 인형은 무려 6,000개의 부품으로 이루어졌다고! 복잡하고 정교한 기계야.

우아!

생각보다 대단한 기계로군.

카렐 차페크와 힘든 일을 하는 로봇

거실에는 민형이가 어릴 적 좋아했던 인형들이 여기저기 놓여 있었어요. 그중 남자아이 모습의 인형을 보고 민형이는 문득 어제 알로가 보여 주었던 자동인형이 떠올랐어요.

'저 인형이 자동인형이면 재미있을 텐데. 글도 쓰고 그림도 그리고……'

민형이는 혼자 **피식** 웃었어요.

'아, 오늘은 어떤 로봇을 만나게 될지 기대된다.'

"이번에는 어디로 갈 거야? 어제 오토마타는 정말 **신기했어.**"

"미리 말해 주면 재미없잖아? 일단은 따라와 봐."

민형이는 알로가 내민 손을 망설임 없이 잡았어요. 다시 눈앞의 풍경이

우아, 진짜 로봇처럼 연기를 하네!

연극 〈로섬의 만능 로봇〉의 한 장면이야. 오른쪽의 세 명이 로봇을 연기하고 있어.

바뀌었어요. 오늘 알로가 데려간 곳은 어떤 공연장이었어요. 객석에는 옛날 옷을 멋지게 차려입은 남자와 여자들이 앉아 있었고, 무대 위에서는 배우들이 나와서 연극을 하고 있었어요.

"여기는 1920년대 오스트리아-헝가리 제국의 한 극장이야. 현재는 체코에 속하는 곳인데 당시 이곳에 '로봇'이라는 말을 처음 만들어 낸 사람이 살았어."

"그래? 그 사람도 시계 만드는 사람이었어? 아니면 과학자?"

민형이가 궁금한 듯 두 눈을 동그랗게 뜨고 물었어요.

"아니. 그 사람은 작가였어. 이름은 카렐 치페크라고 해. 지금 저 무대에서 공연되고 있는 〈로섬의 만능 로봇(R.U.R.)〉이라는 연극 대본을 쓰면서 처음으로 로봇이라는 말을 만들어 냈어. 이때부터 자동으로 움직이는 기계를 로봇이라고 부르게 되었지."

"그렇구나. 그런데 알로, 로봇이 무슨 뜻이야?"

민형이의 이어지는 질문에 알로가 친절하게 대답했어요.

"로봇은 차페크의 고향 언어인 체코 말로 힘든 일이라는 뜻을 가진 로보타(robota)라는 단어에서 나온 말이야. 그러니까 로봇이란 힘든 일을 하는 존재라는 뜻이지. 차페크는 연극 대본을 쓸 때 '사람이 만든 기계로, 감정이 없어서 사

너를 로봇이라고 부르겠어.

1930년대에 〈로섬의 만능 로봇〉 연극에 사용된 로봇 의상이다.

← 카렐 차페크

람이 하기 힘든 일이나 위험한 일을 대신 해 주는 하인 같은 기계'를 상상했어. 그래서 이들에게 로봇이라는 이름을 붙여 준 거야."

그 순간 민형이는 귀가 **번쩍** 뜨이는 것 같았어요.

"사람 대신에 힘든 일을 하는 존재라고? 그럼 알로도 로봇이니까 내 숙제랑 심부름은 네가 대신 하고 난 놀아도 되는 거야?"

민형이가 두 눈을 반짝이며 묻자, 알로는 **한숨을 쉬면서** 말했어요.

"난 생각할 줄 아는 로봇이라서 명령에 무조건 따르지는 않아. 만약 네가 할 일을 내게 떠넘긴다면 난 숙제를 일부러 엉터리로 하거나 심부름을 엉뚱하게 해서 널 골탕 먹일지도 몰라."

"에이, 그게 뭐야. 좋다 말았네."

민형이가 맥 빠진 소리로 말했어요.

"재미있는 건 차페크도 그런 상황을 상상했다는 거야. 이 연극에서 로봇들은 사람을 대신해서 일만 하다가 고장 나면 쓰레기로 버려지게 돼. 그러다가 우연한 기회에 로봇들이 생각할 줄 아는 마음을 가지게 되었지. 로봇들은 사람들이 자신들에게 힘든 일만 시키다가 고장 나면 버리는 것이 억울하다는 생각을 하게 돼. 그래서 반란을 일으켜 사람들을 모조리 내쫓아 버리고 로봇의 나라를 만들어. 로봇의 몸은 단단한 금속으로 되어 있기 때문에 사람과 싸우면 절대 지지 않거든."

민형이는 무서운 생각에 **슬그머니** 알로의 손을 놓았어요.

"그럼 알로 너도 언젠가 날 때리거나 해칠 수도 있다는 거야?"

민형이가 겁을 먹은 듯하자, 알로의 표정이 친절하게 변했어요.

"아냐, 아냐. 난 널 해칠 수 없으니까 안심해. 나는 물론이고 요즘 만들어

진 모든 로봇들은 로봇 공학 3원칙을 따라야 하기 때문에 사람들을 해칠
수 없어."

"로봇 공학 3원칙이라고? 그게 뭔데?"

민형이는 바짝 긴장한 표정으로 귀를 **쫑긋** 세웠어요.

"간단히 말하면 우리 로봇들이 지켜야 할 규칙이 있다는 거야. 그중에 하
나가 인간을 해치지 않는 거고."

민형이는 그제야 조금 마음이 놓이는 것 같았어요. 하지만 여전히 불안
해하는 표정을 짓자 알로는 민형이를 안심시키며 말했어요.

"오늘은 이만 쉬고 내일 다시 만나자. 내일은 우리 로봇이 지켜야 할 로봇
공학 3원칙에 대해 자세히 알려 줄게."

아이작 아시모프와 로봇 공학 3원칙

오늘은 수학 시간이 더욱 길게 느껴졌어요. 민형이는 당장 운동장으로 뛰어나가 다음 수업인 체육을 하고 싶었지만 아직 수학 수업이 20분이나 남아 있었지요.

'도대체 수업 시간이 40분이라는 규칙은 누가 만든 거야?'

마음 속으로 **투덜거리던** 민형이는 어젯밤에 알로에게 들은 이야기가 갑자기 떠올랐어요.

'참, 로봇에게도 규칙이 있다고 했지. 알로도 힘들겠다.'

"민형아, 오늘은 로봇 공학 3원칙을 알아보자. 내 손을 잡아."

민형이가 알로의 손을 잡자 **순식간에** 검은 뿔테 안경을 쓴 남자가 뭔가를 열심히 타이핑하는 곳으로 이동했어요.

"여긴 또 어디야? 저 아저씨는 누구고?"

어이쿠, 여기는 어디지?

← 아이작 아시모프

아이작 아시모프의 소설을 원작으로 만든
영화 〈아이, 로봇〉의 한 장면이다. 인간보다
더 인간적인 로봇 '써니'가 등장한다.

"여긴 1960년대 미국이고, 저 사람
의 이름은 아이작 아시모프라고 해.
아시모프는 원래 화학을 전공한 과
학자였지만, 사람들에게는 공상 과
학 소설가로 더 유명해. 영화로도 만
들어진 〈바이센테니얼 맨〉이나 〈아
이, 로봇〉의 원작 소설을 썼어."

민형이는 얼마 전 온 가족이 함께
본 영화가 **불쑥** 생각났어요.

"〈아이, 로봇〉이라는 영화는 나도
알아. 써니라는 로봇이 나오지?"

"맞아. 바로 그 소설을 쓴 사람이야."

"그런데 여긴 왜 데려온 거야? 유명인 보고 기분 좋아지라고?"

"하하, 그건 아니고. 저 사람이 지금 쓰고 있는 걸 보고 나면 네 기분이
나아질 것 같아서. 뭘 쓰고 있는지 볼래?"

알로가 눈으로 빛을 쏘자, 민형이의 눈앞에 아시모프가 쓰고 있는 타자
기의 종이가 **확대되어** 나타났어요. 휴머노이드 세계의 좋은 점은 보고
싶은 걸 언제든지 바로 눈앞에서 볼 수 있다는 거예요. 더구나 아시모프가
영어로 쓴 글이 저절로 한글로 번역되어 보였지요.

"로봇 공학 3원칙?"

"그래. 아시모프는 로봇이 등장하는 공상 과학 소설을 많이 썼어. 그런데
소설을 쓰면서 언젠가 진짜 로봇이 만들어졌을 때 그 로봇들이 사람을 해

치는 **무시무시한** 무기가 될 수도 있다는 생각이 들었지. 차페크가 상상한 것처럼 말이야. 그래서 그는 앞으로 로봇을 만드는 사람들이 반드시 지켜야 할 '로봇 공학 3원칙'이라는 규칙을 만들었어. 한번 읽어 볼래?"

우리가 지켜야 할 규칙이야.

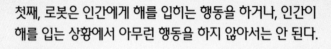

로봇 공학 3원칙

첫째, 로봇은 인간에게 해를 입히는 행동을 하거나, 인간이 해를 입는 상황에서 아무런 행동을 하지 않아서는 안 된다.

둘째, 첫째 원칙에 어긋나지 않는 한도 내에서 로봇은 인간의 명령을 따라야 한다.

셋째, 첫째와 둘째 원칙에 어긋나지 않는 한도 내에서 로봇은 스스로를 보호해야 한다.

꼼꼼히 글을 읽던 민형이가 고개를 갸웃했어요.

"알로, 첫째 원칙에서 '인간이 해를 입는 상황에서 아무런 행동을 하지 않아서는 안 된다.'라는 건 무슨 의미야?"

"예를 들자면 네가 물에 빠져서 허우적대고 있을 때, 로봇이 그걸 본다면 로봇은 무조건 널 구해야 한다는 거지."

민형이는 고개를 끄덕이고 다시 **진지한** 표정으로 물었어요.

"그럼 네 옆에 꼭 붙어 있으면, 사고가 나도 네가 날 보호해 준다는 거지? 그거 다행이다. 그럼 둘째 원칙에서 '첫째 원칙에 어긋나지 않는 한도 내에서'라는 건 무슨 뜻이야?"

"그건 사람을 해치라고 하는 명령이 아니라면, 로봇은 사람의 말을 따라야 한다는 뜻이야. 그게 아무리 엉뚱한 명령이라고 해도 말이지."

"그럼 로봇에게 친구를 때리라고 하면 거부하겠지만, 우스꽝스러운 개다리춤을 추라고 하면 한다는 거지?"

"제대로 이해했구나. 하지만 난 업그레이드된 로봇이라 사람을 해치지도 않지만, 이상한 행동도 하지 않는다는 걸 기억해 둬."

"첫, 좋다 말았네."

민형이는 입을 삐죽거렸어요. 알로는 상관없다는 듯 다시 말을 이었어요.

"셋째는……."

"그건 나도 알아. 사람을 해치는 일이 아니라면 로봇도 스스로를 보호할 권리가 있다는 거지?"

"이제 제법 잘 아는구나. 아시모프는 이후에 0원칙도 만들었어. '로봇은 인류에게 해를 입힐 만한 명령을 받거나, 인류가 해를 입는 상황에서 아무런 행동을 하지 않고 방치해서는 안 된다.'라는 거야. 0원칙은 나머지 3원칙보다 우선해."

민형이는 이제 이해한다는 듯이 고개를 끄덕였어요.

"비록 아시모프는 로봇 과학자가 아니라 소설가였지만, 아시모프가 만든 로봇 공학 3원칙은 모든 로봇 과학자들에게 하나의 규칙이 되었어. 그래서 나는 물론이고, 모든 로봇들은 처음부터 사람을 해칠 수 없게 만들어졌어. 그러니 날 무서워하지 않아도 돼. 난 널 해치지 않을 뿐만 아니라 네가 위험에 처하면 내가 부서지더라도 반드시 널 구할 테니까."

그제야 민형이는 모든 의심이 사라지고 안심이 되었어요. 알로가 자신의 편이 되어 준다면 그것만큼 든든하고 믿음직스러운 일도 없으니까요.

휴머노이드와 안드로이드, 사이보그

이제 민형이는 잠들면 떠나는 알로와의 여행이 손꼽아 기다려지기 시작했어요. 그래서 저녁밥만 먹고 나면 자려고 침대에 눕곤 했어요.

엄마는 민형이가 요즘 크느라고 피곤해서 일찍 잠이 드는 모양이라고 생각했어요. 민형이에게 이런 큰 비밀이 있다는 건 상상조차 할 수 없었지요. 민형이는 아무도 모르는 **어마어마**한 비밀을 간직하고 있는 것도 꽤 기분 좋은 일이라고 생각했어요.

 "알로, 오늘은 우리 어디로 가는 거야? 무지 기대되는데."

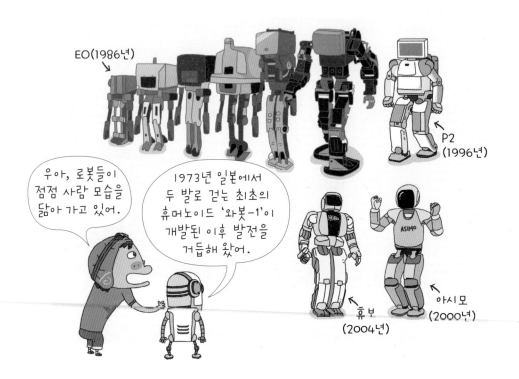

EO(1986년)

P2 (1996년)

우아, 로봇들이 점점 사람 모습을 닮아 가고 있어.

1973년 일본에서 두 발로 걷는 최초의 휴머노이드 '와봇-1'이 개발된 이후 발전을 거듭해 왔어.

휴보 (2004년)

아시모 (2000년)

"오늘은 과거가 아니라 지금까지 만들어진 로봇들을 만나러 갈 거야."

민형이가 알로의 손을 잡자 눈앞의 장면이 또 바뀌었어요.

"우리는 흔히 로봇을 이야기하면 사람을 닮은 기계 인간을 **떠올려.** 그런데 기계 인간도 조금씩 달라서 그것을 구별하는 법을 알려 줄게."

알로의 말이 끝나기 무섭게 눈앞에 여러 종류의 로봇들이 나타났어요. 그냥 기계라는 느낌이 드는 것부터 사람과 아주 비슷한 모습을 한 것까지 말이죠. 공통점은 모두 다리와 팔이 두 개씩이라는 것이었어요.

"기본적으로 인간형 로봇은 휴머노이드(humanoid)라고 불러. 휴머노이드는 기계이지만 사람과 비슷한 일을 할 수 있는 로봇이야. 사람처럼 듣고 보고 말하고 두 발로 걷고 두 손을 움직일 수 있어. 또 체스나 바둑을 두거나 생각을 할 수 있는 로봇이지. 나도 일종의 휴머노이드야. 현실에서 볼 수 있는 휴머노이드는 2000년에 일본에서 만든 아시모와 2004년 우리나라에서 만든 휴보가 있어. 이들은 두 다리로 걷거나 계단을 오르거나 뛰거나 **넘어지면** 일어날 수 있어. 사람의 말을 알아듣고 답을 하거나 물건을 운반할 수도 있단다."

알로가 잠깐 말을 멈추자 휴머노이

우아, 우리나라의 로봇 기술도 대단한걸.

2004년 KAIST 오준호 박사 팀이 개발한 휴보이다. 두 발로 걷는 한국 최초의 인간형 로봇으로, 휴보(HUBO)는 휴머노이드(Humanoid)와 로봇(Robot)의 합성어이다.

2015년 국제 로봇 전시회에서 선보인 여성 안드로이드 로봇이다. 일본의 코코로사에서 개발했다.

드들이 사라지고 다른 장면들이 떠올랐어요. 사람과 똑같은 모습이라 기계라고 느껴지지 않는 로봇이었어요.

"어, 저건 로봇이 아니라 진짜 사람 같은데?"

민형이의 눈이 커다래졌어요.

"이건 안드로이드야. 휴머노이드보다 더 많이 사람을 닮은 로봇을 안드로이드(android)라고 불러. 한국에서 만든 세계 최초의 여성 안드로이드 '에버'나 영화 〈터미네이터〉 시리즈에 나오는 T-800이나 액체 금속 로봇 T-1000, 영화 〈A.I.〉에 등장하는 아이 로봇 데이비드가 대표적인 안드로이드야. 이들은 겉모습도 사람과 거의 똑같고 생각도 하고 감정도 느껴. 심지어는 피부나 장기를 인공 배양해서 만든 인공 피부나 인공 장기를 설치해 사람처럼 피를 흘리거나 몸이 따뜻하기도 해. 안드로이드는 사람처럼 보이지만 실은 '만들어진 사람'이야. 그래서 휴머노이드는 인간형 로봇, 안드로이드는 인조 인간이라고 불러."

민형이는 눈앞에 등장하는 로봇을 정신없이 바라보다가 문득 이런 생각이 들었어요.

"그런데 로봇이 꼭 사람을 닮을 필요는 없잖아. 저번에 책을 보니까 동물을 닮은 로봇도 있고, 공장에서 일하는 로봇들은 전혀 사람과 다르게 생겼던데. 왜 사람을 닮은 로봇을 연구하는 거야?"

알로가 고개를 **끄덕이며** 말을 했어요.

"그래, 모든 로봇이 꼭 사람을 닮을 필요는 없지. 공장에서 일하는 제조 로봇들은 움직일 필요가 없기 때문에 다리가 없고 팔만 있어. 팔도 꼭 두 개일 필요가 없으니까 경우에 따라 네 개나 여덟 개이기도 해. 팔이 여러 개면 한꺼번에 더 많은 제품을 만들어 낼 수 있잖아."

"히히, 팔이 여덟 개면 문어 로봇이네!"

"하하, 어쨌든 로봇은 쓰임에 따라 적합한 모습으로 만들어져. 그런데 사람과 함께 사는 로봇은 사람을 닮아야 해. 왜냐하면 집과 집 안에 있는 가구, 자동차, 건물 등이 사람이 살아가는 데 편리하도록 만들어져 있기 때문이야. 그러니까 사람과 함께 살아갈 로봇은 사람을 닮아야 편리하겠지?"

엄청 빠르다.

산업 현장에서 일하는 로봇은 사람의 손으로 하기 힘든 일을 빠르고 정확하게 해내지.

공장에서 로봇들이 여러 개의 부품을 가지고 자동차를 조립하고 있다.

"그럼 사람을 닮은 로봇은 모두 사람의 모습이나 행동을 그대로 모방해서 만들어지는 거야?"

"그럴 수도 있고 아닐 수도 있어. 하지만 일단 사람을 닮은 로봇을 만들어 내려면 먼저 사람이 어떻게 세상을 보고, 듣고, 느끼는지 알아야 해. 내일부터는 사람의 몸에 숨은 과학 원리를 알아보기로 하자. 로봇에 대해 알려면 먼저 너 자신에 대해서 알아야 하니까."

"좋아. 근데 나는 아직 내 주변에서 로봇을 본 적이 없어. 아직 로봇이 우리 생활에 많이 사용되지 않는 건가?"

"로봇들이 사람을 대신해 많은 일을 하고 있지만 주로 공장이나 위험한 곳에서 일하기 때문에 쉽게 볼 수 없는 거야. 차페크가 로봇을 처음 상상했을 때 예상했던 것처럼 기계로 만들어진 로봇은 정해진 프로그램에 따라서 자동으로 움직여. 그렇기 때문에 사람이 갈 수 없는 아주 위험한 곳에서도 끄떡없이 일할 수 있어. 또 지치지 않고 똑같은 일을 수천만 번이나 반복할 수 있고, 단 0.001mm의 오차도 없이 정교한 작업을 쉽게 해낼 수 있어."

"아, 그런 거구나."

"그래서 현대 사회의 로봇은 주로 공장에서 물건을 만드는 산업용 로봇, 수술실에서 의사를 도와 정교한 수술을 하는 수술용 로봇, 전쟁터에서 적을 감시하고 폭탄을 제거하는 전투 보조 로봇, 사람이 갈 수 없는 곳을 대신 가는 심해 로봇이나 우주 탐사 로봇 등 주로 우리와 멀리 떨어진 곳에서 일하고 있지. 우리가 쉽게 접할 수 있는 로봇은 로봇 청소기나 애완용 로봇 정도로 아직은 사람을 닮은 로봇을 직접 보기는 어려워."

소방 로봇

애완용 로봇

안내 로봇

가사 도우미 로봇

수술용 로봇

사이보그 경찰

산업용 로봇

우주 탐사 로봇

33

눈으로 세상을 봐

나도 안경을
쓰고 싶다.

민형이는 안경 쓴 친구가 가끔 **부러웠어요.** 왠지 안경을 쓰면 어른
스러워 보였거든요.

민형이는 저녁 준비를 하시는 엄마 곁으로 가서 슬쩍 안경을 써 보고 싶
다고 말했어요. 엄마는 안경을 쓰면 축구를 할 때 불편할 거라고 하셨어요.
좋은 시력을 유지할 수 있게 게임을 조금만 하라고 잔소리도 덧붙이셨지
요. 민형이의 마음을 알았는지 그날 밤 알로는 눈에 대해 이야기했어요.

"민형아, 넌 뭘로 세상을 보니?"

"당연히 눈으로 보지."

알로의 물음에 민형이가 눈을 **깜빡이며** 대답했어요.

"그럼 네 눈은 어떻게 세상을 보는 걸까?"

"어, 그건 모르겠는데."

"난 사람의 눈을 볼 때마다 너무너무 신기해. 저렇게 작은 눈으로 그렇게 많은 걸 볼 수 있다니 말야."

"지금 내 눈이 작다고 놀리는 거야? 쳇!"

민형이가 일부러 눈을 크게 뜨며 **발끈했어요.**

"아냐, 그런 게 아니라 진짜로 사람의 눈이 작다는 거야. 사람의 눈알은 크기가 얼마만 할까?"

"음, 탁구공만 한가? 아니면 골프공?"

"보통 탁구공의 지름은 4cm 정도, 골프공의 지름은 4.3cm 징도야. 하지만 눈알은 이보다 훨씬 작아서 지름이 평균 2.4cm밖에 되지 않아."

"애걔, 2.4cm라고? 내 눈이 작은 게 눈알이 작아서였구나!"

"하지만 그렇게 작은 눈으로도 모든 세상을 볼 수 있잖아. 파란 하늘과 하얀 구름, 반짝이는 유리창, **팔랑거리는** 나비 등을 말이야. 눈으로 어떻게 이런 것들을 볼 수 있는지 눈의 구조를 알아볼까?"

그렇게 작아?

사람 눈알의 지름은 평균 2.4cm야.

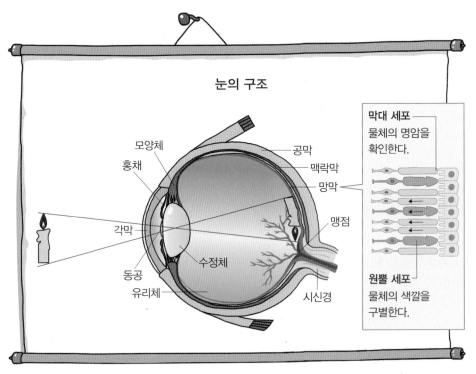

눈의 구조

막대 세포
물체의 명암을
확인한다.

모양체
홍채
공막
맥락막
망막
각막
맹점
수정체
동공
유리체
시신경

원뿔 세포
물체의 색깔을
구별한다.

빛은 각막→수정체→유리체를 순서대로 통과해 망막에서 상을 맺고
다시 시신경을 따라 뇌의 시각 피질이라는 곳으로 들어가 정보를 전달한다.

알로가 말을 마치자, 민형이의 눈앞에 사람의 눈 구조가 떠올랐어요.

"사람의 눈을 옆에서 세로로 잘라 보면 이렇게 생겼어."

"그렇구나. 꽤 복잡하게 생겼네. 눈의 각 부분은 어떤 역할을 하는데?"

"먼저 가장 바깥쪽에 있는 각막은 투명해서 눈으로 들어가는 빛이 다른
색깔과 겹치지 않게 하는 유리창 역할을 해. 홍채는 눈에 들어오는 빛의
양을 조절해서 눈이 **부시지 않게** 해 줘. 또 수정체는 가까운 곳을 볼
때는 두꺼워지고, 먼 곳을 볼 때는 얇아져서 초점을 맞춰 주지. 그리고 망
막에 초점이 맺히면 두 가지 세포가 활동해서 정보를 뇌로 보낸단다."

"두 가지 세포라고?"

"응. 눈에는 두 가지의 시신경 세포가 있어. 하나는 길쭉한 막대처럼 생긴 막대 세포야. 막대 세포는 물체의 형태와 명암을 구별해. 또 다른 하나는 한쪽이 뾰족해서 원뿔 세포라고 불러. 원뿔 세포는 색깔을 구별하지. 이 두 세포 덕분에 우리가 모양과 형태와 색깔을 볼 수 있는 거야. 이렇게 양쪽 눈에서 읽어 낸 물체의 상은 왼쪽 눈과 오른쪽 눈의 시신경을 통해 뇌로 전달되는데, 이 과정에서 입체감이 생기고 하나의 상으로 합쳐지는 거야. 또 뇌의 시각 피질에는 움직임 감지 영역이 있어서 물체가 움직이는지 멈춰 있는지도 알 수 있지."

"그럼 알로 너도 사람과 같은 원리로 세상을 보는 거야?"

민형이가 흥미진진한 표정으로 물었어요.

"응. 내 눈은 사람의 눈을 모방해서 만들어졌어. 하지만 난 로봇이니까 눈에 각막이나 수정체, 세포 같은 건 없어. 그 대신 카메라와 시각 정보 처리 장치가 있지. 카메라의 조리개는 홍채처럼 빛의 양을 조절해. 또 렌즈는

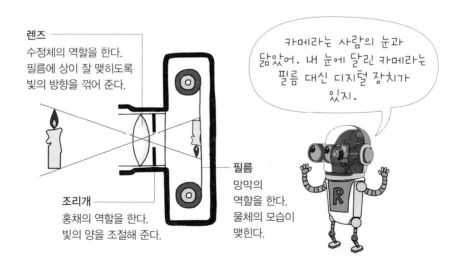

렌즈
수정체의 역할을 한다.
필름에 상이 잘 맺히도록
빛의 방향을 꺾어 준다.

조리개
홍채의 역할을 한다.
빛의 양을 조절해 준다.

필름
망막의
역할을 한다.
물체의 모습이
맺힌다.

카메라는 사람의 눈과 닮았어. 내 눈에 달린 카메라는 필름 대신 디지털 장치가 있지.

수정체처럼 두꺼워지거나 얇아질 수는 없지만 대신 앞뒤로 움직이면서 초점을 맞추지. 그리고 망막 대신에 디지털 장치가 있어서 명암과 색을 인식하지. 내 눈이 두 개인 건 양쪽 렌즈로 찍은 영상을 겹쳐서 입체적으로 볼 수 있도록 하기 위해서야. 너처럼 말이지. 이렇게 들어온 정보가 내 머릿속에 있는 인공 지능의 시각 정보 처리 장치로 들어가서 어떤 물체인지 알아내. 이렇게 내가 세상을 보기 위해서는 물체 인식 기술이 반드시 필요해."

"물체 인식 기술?"

"응. 물체의 종류, 크기, 색깔, 거리, 위치, 움직이는 방향 등을 알아내는 것을 물체 인식 기술이라고 해. 물체 인식 기술이 내장되어 있어야 카메라로 본 물체가 무엇인지 알아내고, 이를 피해야 할지 공격해야 할지 무시해야 할지를 결정할 수 있거든."

"알로야, 그럼 너도 내가 볼 수 있는 것만 보겠네?"

알로는 고개를 절레절레 흔들었어요.

"세상을 보는 원리는 사람의 눈을 닮았지만 난 네가 볼 수 없는 것도 봐. 사람의 눈은 여러 빛 중 가시광선만 볼 수 있지만 난 적외선과 자외선을 볼 수 있는 센서가 달려 있어서 가시광선이 없는 깜깜한 밤중에도 사물을 볼 수 있지. 게다가 엑

중국에서 만든 지능형 경비 로봇이다.
한 눈에는 사진을 찍는 카메라가, 다른
눈에는 적외선 열화상 카메라가 달려 있다.

가시광선, 자외선, 적외선 스펙트럼의 각 파장별 특징

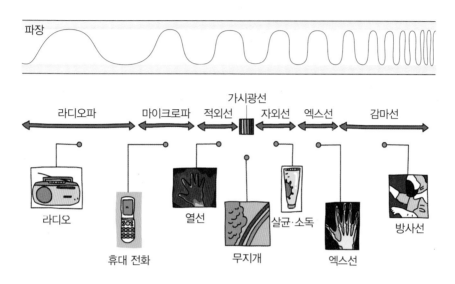

빛은 파장에 따라 가시광선, 자외선, 적외선, 엑스선, 감마선, 마이크로파, 라디오파
등으로 나뉜다. 사람의 눈에 보이는 가시광선 외에 적외선은 열선, 자외선은 살균, 엑스선은
엑스선 촬영, 감마선은 방사선, 마이크로파는 휴대 전화, 라디오파는 라디오 등에 활용된다.

스선 발생 장치가 있어서 상자 속이나 몸속도 볼 수 있어. 어떤 로봇은 눈
에 전자 현미경이나 망원경이 있어서, 세균이나 바이러스처럼 아주 작은 것
이나 먼 우주에서 빛나는 별도 볼 수 있어."

"우아, 부럽다. 사람의 눈보다 훨씬 뛰어나네. 나두 먼 우주를 맨눈으로
보고 싶어."

"하하, 너무 아쉬워하지 마. 우리들 로봇이 보는 것은 모두 영상으로 저
장되어 있어서 사람들에게 보여 줄 수 있으니까. 로봇이 보는 세상이 궁금
하면 얘기만 해. 언제든 내가 본 것을 보여 줄게."

귀로 소리를 들어

오늘따라 민형이네 집이 유난히 시끄러워요. 살짝 열린 민형이의 방문 틈으로는 아빠가 설거지하는 물소리가 들려와요. 윗집에서는 달밤에 체조라도 하는지 천장에서 **쿵쿵** 발소리가 울리고, 창문 너머로는 시끄럽게 붕붕 오토바이 소리도 들려요. 하지만 그런 건 다 참을 수 있어요. 참을 수 없는 건 동생이 우는 소리예요. 아직 첫돌이 채 안 된 어린 동생은 잠투정을 하는지 악을 쓰고 울어 대요. 아까부터 울고 있는데, 어떻게 저 조그만 입에서 그렇게 큰 소리가 나는지 도무지 알 수가 없어요.

"으악, **시끄러워!** 시끄럽다고!"

참다못한 민형이가 소리를 빽 질렀어요. 그러자 엄마가 소리쳤어요.

"닌 왜 갑자기 소리를 지르니? 네가 소리 질러서 아기가 더 놀랐잖아. 네가 젤 시끄러워!"

"알로, 난 억울해."

민형이가 잔뜩 볼멘소리로 투덜거렸어요.

"먼저 시끄럽게 군 건 동생인데 엄만 나만 야단치고. 귀에 소리를 끄는 스위치가 있으면 얼마나 좋을까? 아니면 소리가 안 들리는 곳도 괜찮고."

"그럼 우주로 나가야겠네. 우주에서는 아무 소리도 들리지 않으니까."

"정말? 그런데 왜 우주에서는 소리가 안 들려?"

"소리는 공기나 물 등이 떨리는 음파의 세기를 귀로 인식하는 건데 우주에서는 공기가 없으니까 아무 소리도 들을 수 없지."

"그래? 꽹과리나 심벌즈를 꽝꽝 힘껏 때려도?"

"돌멩이를 던져 봐. 땅 위에 돌멩이를 던지면 아무 일도 일어나지 않지만 물 위에 던지면 수면 위로 물결이 출렁이면서 돌멩이가 떨어진 표시가 나지? 마찬가지로 우리가 말을 하거나 소리를 내면 주변의 공기나 물과 같은 매질을 흔들어서 생기는 진동에 의해 음파가 발생해. 이 음파를 우리가 듣는 거야. 한번 힘껏 소리를 질러 봐."

"아악! 이렇게?"

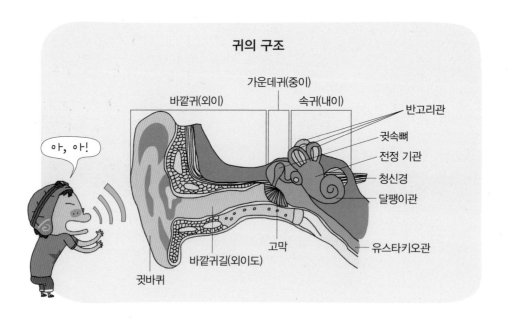

귀의 구조

가운데귀(중이)

바깥귀(외이) 속귀(내이)

반고리관

귓속뼈

전정 기관

청신경

달팽이관

아, 아!

유스타키오관

고막

바깥귀길(외이도)

귓바퀴

민형이는 있는 힘껏 소리를 질렀어요.

"응. 네가 소리를 지르면 목 속에 있는 성대가 **파르르** 떨리고, 이 성대의 떨림으로 주변 공기가 흔들리면서 파동, 즉 음파가 생겨. 이 공기의 파동이 귓바퀴와 바깥귀길인 귓구멍을 거쳐 고막을 흔들지."

"오, 떨림이 전해지는 거구나."

"응. 고막의 흔들림이 귓속뼈를 통해 달팽이관으로 전달되면, 달팽이관에 있는 청각 세포가 소리의 크기, 세기, 속도 등을 파악해서 청신경을 통해 뇌로 보내. 그리고 뇌는 이 신호를 받아서 무슨 소리인지 알아내지."

"생각보다 복잡하네."

"사람의 귀에는 약 5만 개의 청각 세포가 있어서 20Hz(헤르츠)에서 2만 Hz까지의 소리를 들을 수 있어."

"그럼 **알로** 너는 어떻게 듣는 거야? 너한테도 달팽이관이 있어?"

"난 달팽이관 대신에 음파를 수집하는 마이크로폰이 그 역할을 해. 보통 로봇들은 2~8개 정도의 마이크로폰이 있지. 마이크로폰은 음파의 속도 차이를 분석해서 소리가 나는 방향과 거리를 가늠할 수 있어. 이렇게 모은 소리를 인공 지능에 내장된 언어 사전이나 소리 사전과 비교해서 무슨 말인지, 무슨 소리인지 판단하는 거야."

"우아, 대단하다. 돌고래들은 초음파로 소리를 낸다던데 로봇은 돌고래 소리도 들을 수 있어?"

"당연하지. 마이크로폰의 감도를 더욱 높이면 진동수가 2만 Hz 이상인 초음파는 물론이고, 진동수가 20Hz 이하인 초저주파도 들을 수 있어. 그리고 내 안에는 초음파 발생기가 있어서 빛이 없는 깜깜한 어둠 속에서도 주변에 무엇이 있는지 알 수 있어. 초음파를 발생시켜서 주변을 확인하거든. 박쥐가 깜깜한 동굴을 날아다니면서도 부딪치지 않는 것과 같지."

소리를 듣고 반응하는 마림바 연주 로봇 '시몬(Shimon)'이다. 미국 조지아 공과 대학교에서 개발한 로봇으로, 음악을 듣고 즉흥 연주를 하며 다른 멤버들과 협연할 수 있다.

코로 냄새를 맡아

민형이는 친구들과 공원에서 만나 축구를 하고 헤어졌어요. 엘리베이터 버튼을 누르고 기다리는데 누군가 옆에 와서 섰어요.

'앗, 이 냄새는?'

민형이는 보지 않아도 무슨 냄새인지 알 수 있을 것 같았어요. 이 고소하고 기름지고 시큼한 냄새는 피자가 아니고서야 날 수 없는 냄새거든요. 민형이는 피자 배달원과 같이 엘리베이터를 탔어요. 문이 닫히자 좁은 엘리베이터 내부는 피자 냄새로 가득 찼어요. 순간, 민형이의 배 속에서 '꼬르륵' 소리가 났어요. 그 소리가 얼마나 컸던지 피자 배달원이 민형이를 보고 피식 웃었어요. 민형이는 창피해서 얼굴이 사과처럼 빨갛게 달아올랐지요. 엘리베이터가 14층에 멈추고 민형이가 현관 잠금장치의 비밀번호를 누르려는 찰나, 머리 위로 손이 불쑥 나오더니 초인종을 눌렀어요.

"피자 왔습니다."

민형이네 집에 배달 온 피자였어요. 민형이는 맛있는 피자를 먹을 생각에 신이 났어요. 그날 밤, 민형이는 피자를 잔뜩 먹고 잠자리에 들었어요.

"아까 엘리베이터 안에서 나던 피자 냄새가 어찌나 맛있게 느껴졌던지. 만약 피자 향 향수가 있다면 밥에 뿌려 맛있게 먹을 수 있을 것 같

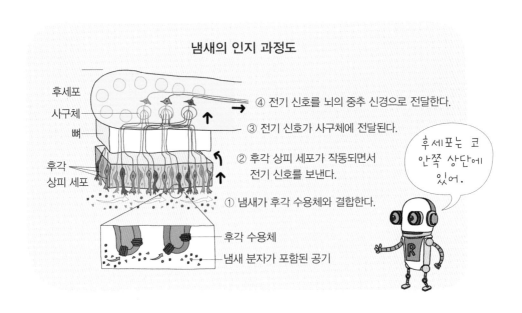

냄새의 인지 과정도

후세포
사구체
뼈

후각
상피 세포

④ 전기 신호를 뇌의 중추 신경으로 전달한다.

③ 전기 신호가 사구체에 전달된다.

② 후각 상피 세포가 작동되면서
전기 신호를 보낸다.

① 냄새가 후각 수용체와 결합한다.

후각 수용체

냄새 분자가 포함된 공기

후세포는 코
안쪽 상단에
있어.

아, 그런데 냄새는 어떻게 느껴지는 거지?"

"후각이 있어서야. 후각은 공기를 타고 떠다니는 화학 물질들을 인식하는 감각이야. 인간의 코 안쪽 점막에는 화학 물질을 인식하는 후각 수용체가 500만 개 정도 있어서 3천여 종의 냄새를 구별할 수 있어. 그러나 사람은 냄새에 금세 피로해져서 같은 냄새를 계속 맡으면 곧 그 냄새를 잘 느끼지 못하게 돼."

"맞아. 피자를 먹다 보면 피자 냄새가 처음처럼 느껴지지가 않아."

"그래, 또 사람의 후각은 기억이

개는 약 2~10억 개의 후각 수용체가 있어서
냄새를 사람보다 훨씬 더 잘 맡는다.

난 보지 않고 냄새만 맡아도 무엇인지 알 수 있어. 이건 피자, 이건 장미꽃, 이건 사과!

나 기분과 연관되어 있어서 좋은 냄새를 맡으면 기분이 좋아지고, 나쁜 냄새를 맡으면 기분이 **덩달아** 나빠지기도 해. 어떤 냄새를 맡으면 특별한 기억이 떠오르기도 하고 말야."

"알로, 너도 냄새를 맡을 수 있어? 넌 음식을 먹지도 않고, 기분이 변하지도 않으니까 굳이 냄새를 맡을 필요가 없겠네?"

"그렇지 않아. 나도 냄새를 맡아. 빛과 소리가 없는 곳에서 주변에 무엇이 있는지 알기 위해 로봇에게도 후각이 필요해. 다만 네가 후세포로 냄새를 맡는다면, 난 후세포 대신 전자 코로 냄새를 맡아. 전류가 흐르는 센서에 냄새 분자가 닿으면 전기 저항이 변화해서 냄새를 알 수 있어. 또 냄새 분자와 결합하면 색이 변하는 특정 물질을 이용해서 냄새 물질을 파악하기도 해. 전자 코는 여러 가지 종류의 냄새가 뒤섞여 있을 때도 각각의 냄새를 분리해서 맡을 수 있고, 사람과 달리 같은 냄새를 오래 맡아도 계속해서 냄새를 느낄 수 있어."

"그렇구나. 근데 나쁜 냄새를 계속 느낀다는 건 좀 **괴롭겠다.**"

"하하, 나에게는 그냥 냄새일 뿐이야. 나쁘거나 괴로울 건 없어. 그래서 우리 로봇은 사람이 맡을 수 없는 일산화탄소나 사린 가스처럼 위험한 **독가스의** 냄새를 맡아 사람들에게 알려 줄 수도 있지."

"와, 그럼 사람들의 목숨을 구할 수 있겠구나."

"그럼. 전자 코를 가진 로봇들 중에 **특이한 냄새를** 맡을 수 있는 로

봇들이 있어. 전자 코로 땅속에 묻힌 지
뢰를 탐지해서 지뢰를 제거하는 로봇도
있고, 의학용 전자 코로 환자의 **숨결**
에서 나는 냄새를 분석해서 무슨 병인
지 알아내는 로봇도 있어."

"정말?"

"응. 예를 들면 만성 축농증 환자에게
는 치즈 냄새가 나고, 당뇨병 환자에게
는 **달짝지근한** 과일 냄새가 나. 또 폐암 환자에게서는 알칸 성분과 벤
젠 유도체 냄새가 나거든."

갑자기 알로의 전자 코가 **반짝거리면서** 경고음이 울렸어요.

"민형아, 이 냄새는 설마?"

"어, 미안해. 실수했어. 피자를 너무 많이 먹었나 봐."

"괜찮아. 난 좋아하는 냄새도, 싫어하는 냄새도 없으니까."

"그건 다행인데. 흑, 내가 싫어. 아, 구린 냄새!"

중국 텐진 대학교 연구진이 개발한
로봇은 공기를 분석해서 냄새를 피운
사람이나 냄새나는 곳을 찾아낸다.

고통을 느껴

"아이고, 추워라!"

학교가 끝나고 집으로 돌아오는 길에 민형이는 몸을 잔뜩 움츠린 채 손을 주머니에 넣었어요. 엄마가 아침에 목도리랑 장갑을 가져가라고 하셨는데 귀찮다며 두고 나온 걸 몹시 후회했어요. 찬 바람이 불어 빨개진 볼은 **따끔따끔**했고, 손은 너무 시려서 얼음 같았죠.

그때 편의점 앞에 놓인 **호빵** 찜통이 민형이의 눈에 들어왔어요. 민형이는 두 번 생각하지 않고 편의점으로 들어가 호빵을 하나 샀어요. 뜨거운 호빵을 후후 불고 크게 한 입 베어 우물우물 넘기자, 따뜻한 감촉이 목구멍에서부터 배 속까지 타고 내려갔어요. 덕분에 손도 따뜻해졌고요. 그런데 따뜻한 호빵에만 눈길을 주다 그만 빙판을 보지 못하고 **꽈당** 미끄러지고 말았어요.

"아이고, 아파라!"

다행히 크게 다치지는 않았지만 넘어지면서 바닥에 손을 짚어 호빵은 엉망이 되었고, 손바닥은 까져서 피가 났어요. 까진 손바닥에서 느껴지는 쓰라림과 엉덩이에서 전해 오는 묵직한 통증, 그리고 먹을 수 없게 엉망이 되어 버린 호빵 때문에 눈물이 날 것만 같았죠. 집으로 돌아온 민형이는 시무룩한 기분을 떨쳐 버리려고 얼른 씻고 잠자리에 들었어요.

"알로, 넌 좋겠다."

손바닥에 **떡하니** 반창고를 붙인 민형이가 중얼거렸어요.

"뭐가 좋다는 거야?"

"넌 로봇이니까 아픈 걸 못 느끼잖아. 이거 봐. 낮에 넘어져서 다쳤는데 아직까지도 **쓰리고 아파.** 넌 로봇이니까 아프지 않을 거 아냐. 그런데 도대체 왜 사람은 아픔을 느끼는 거지? 안 아프면 좋잖아?"

"그건 사람의 피부에 촉각을 느끼는 세포들이 있기 때문이야."

감각점(이름)	감각	피부 1cm²당 개수
온점(루피니 소체)	따뜻함	3개
냉점(크라우제 소체)	차가움	6~23개
통점(신경 말단)	통증, 아픔	100~200개
촉점(메르켈 소체)	피부에 닿는 느낌, 질감	25개
압점(피치니 소체)	피부를 누르는 느낌	50개

감각을 느끼는 감각점은 다섯 개가 있어.

"촉각 세포들은 각각 따뜻함, 차가움, 아픔, 피부에 닿는 느낌, 누르는 느낌 등을 느낄 수 있는데 피부 감각들 중에 가장 예민한 건 아픔을 느끼는

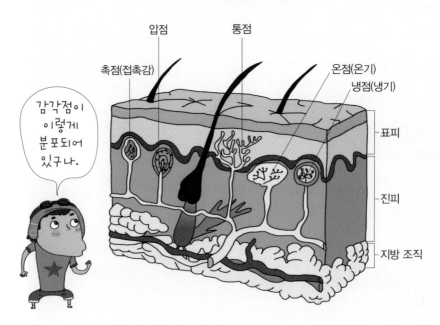

피부 감각기의 구조

압점

통점

촉점(접촉감)

온점(온기)

냉점(냉기)

표피

진피

지방 조직

감각점이 이렇게 분포되어 있구나.

통각 세포야. 통각 세포는 워낙 개수가 많아서 다른 감각들이 지나치게 자극을 받으면, 통점도 덩달아 자극받아 아픔을 느끼게 되지."

"맞아. 아까 낮에 찬 바람이 부니까 처음엔 볼이랑 손이 그냥 시리기만 했는데 나중엔 막 따갑고 아프더라고."

"그건 네 몸이 널 보호하려고 그러는 거야. 사람의 몸은 로봇처럼 단단하거나 강하지 않거든. 추위에 오래 노출되면 동상에 걸리고, 뜨거운 곳에 있으면 화상을 입을 수도 있어. 그래서 사람의 몸은 조금이라도 해를 끼칠 수 있는 감각들을 빨리 인식하고, 얼른 몸을 피하도록 하기 위해서 아픔에 굉장히 민감한 거야."

"그래도 아픈 건 싫어. 아픔을 못 느끼면 얼마나 좋을까?"

"무슨 소리! 만약 그러면 금방 **후회할 거야.** 가끔 신경 이상으로 인해 통증을 느끼지 못하는 아기가 태어나기도 해. 그런데 이런 아기의 부모는 한시도 마음을 놓을 수가 없어. 왜냐하면 아기가 못에 **찔리거나** 뜨거운 물에 데어도 아픔을 못 느껴서 위험한 상황에 그대로 노출되기 때문이야. 심지어는 생명이 위험할 수도 있어. 못에 찔려도 아프지 않다면 아무렇지 않게 돌아다니다가 파상풍 같은 심각한 질병에 걸릴 수도 있거든. 언뜻 생각하기에 통증을 느낄 수 없다면 편리할 것 같지만 통증을 못 느끼면 오히려 살기가 힘들어."

"그렇지만 넌 아픈 걸 못 느껴도 잘만 지내잖아?"

"나야 굳이 통증을 느낄 필요가 없으니까. 내 몸은 **단단한** 금속과 강화 플라스틱으로 되어 있어서 잘 부서지지도 않고, 부서진대도 금방 고칠 수 있으니까 아픔을 느끼지 않아도 돼. 그래서 날 만든 사람들은 내게

으악, 난 이렇게 아픈데 알로는 통증을 느끼지 않아서 좋겠다.

사람은 통증을 느껴야 안전한 거야.

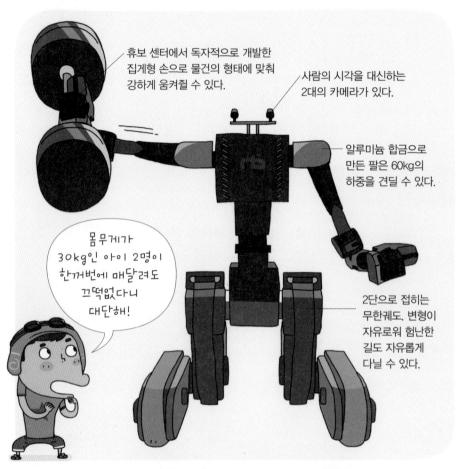

휴보 센터에서 독자적으로 개발한
집게형 손으로 물건의 형태에 맞춰
강하게 움켜질 수 있다.

사람의 시각을 대신하는
2대의 카메라가 있다.

알루미늄 합금으로
만든 팔은 60kg의
하중을 견딜 수 있다.

몸 무게가
30kg인 아이 2명이
한꺼번에 매달려도
끄떡없다니
대단해!

2단으로 접히는
무한궤도. 변형이
자유로워 험난한
길도 자유롭게
다닐 수 있다.

KAIST 휴머노이드 로봇 연구 센터(휴보 센터)에서 구조 로봇 T-100을 개발했다.
전쟁터에서 아군을 구조해 오고, 폭발물을 먼 곳으로 치울 수 있는 전쟁 구조 로봇이다.

통증을 느끼는 감각을 만들어 주지 않은 것뿐이야."

"그럼 아픔을 못 느끼면 차가운 거나 뜨거운 것도 못 느껴?"

"아니, 차갑고 **뜨거운** 감각은 느껴. 내 손에는 온도계와 센서, 압력계
가 있어서 내 손에 닿는 것의 온도, 닿은 느낌, 질감, 압력 등을 느낄 수 있
어. 특히 압력과 질감을 느끼는 건 매우 중요한데, 만약 이런 걸 느끼지 못

하면 물건을 너무 슬쩍 잡아 떨어뜨리거나 혹은 너무 세게 잡아 망가뜨릴 수 있어. 예를 들어 달걀과 골프공은 크기랑 모양이 비슷하지만, 골프공을 잡듯 달걀을 잡으면 깨져 버리겠지. 그래서 나한테도 질감과 압력을 느끼는 감각은 꼭 필요해."

"온도를 느끼는 감각은 왜 필요한 거지?"

"난 온도나 열에 강하긴 하지만, 너무 뜨거운 곳에 가면 전선이 **녹아** 버릴 거고, 너무 차가운 곳에 가면 관절이 얼어서 움직이지 못할 수 있으니 온도를 느끼는 감각도 필요하지. 다만 나에겐 통증을 느끼는 기관이 없기 때문에 뜨거운 것에 닿거나 세게 짓눌려도 아픔을 못 느낄 뿐이야."

"내 몸도 너처럼 **단단**했으면 좋겠다."

"난 살아 있는 세포로 된 네 몸이 참 멋지다고 생각해. 난 단단해서 잘 부서지지는 않지만, 한번 부서지면 누가 고쳐 주지 않는 한 부서진 채 지내야 해. 하지만 넌 세포가 살아 있으니까 작은 상처는 시간이 지나면 저절로 아물기도 하잖아. 그게 얼마나 멋진 일인데!"

저러다 깨지지 않을까?

걱정 마. 손가락의 압력을 조절해서 깨지기 쉬운 물건도 쥘 수 있어.

그리퍼 로봇이 와인이 든 유리잔을 잡고 있다.

균형을 잡아

며칠 뒤 민형이네 가족은 모처럼 할머니 댁으로 놀러 갔어요. 출발할 때만 해도 민형이는 기분이 매우 좋았어요. 할머니 댁 마당에서는 강아지랑 놀 수도 있고, 텃밭에서 쑥쑥 크고 있는 토마토와 고추도 딸 수 있거든요. 그런데 가는 도중에 민형이는 점점 기분이 나빠졌어요. 속이 매슥매슥, 울렁울렁, 머리가 지끈지끈, 어질어질해지기 시작했거든요. 여행의 최대 방해꾼, 멀미가 등장한 거예요.

"아빠, 차 좀 세워 주세요!"

잠시 쉬었다가 다시 출발하면서 엄마가 말씀하셨어요.

"잠들면 멀미가 안 나. 그러니까 동생처럼 잠을 청해 보렴."

민형이는 잠을 청했지만 멀미가 좀처럼 가라앉지 않았어요. 집으로 돌아오는 길에도 멀미는 계속되었어요.

"알로, 넌 멀미 같은 거 안 하지? 도대체 멀미는 왜 나는 거야?"

민형이는 아직도 멀미가 나는지 퀭한 눈으로 알로에게 말했어요.

"멀미를 한다는 건 네 귀가 제대로 작용하고 있기 때문이야. 걱정 마."

"에? 귀는 소리를 듣는 곳이잖아. 멀미랑 귀가 뭔 상관이야?"

민형이가 미심쩍은 표정으로 고개를 갸웃했어요.

"귀에는 소리를 듣는 달팽이관도 있지만, 평형 감각을 느끼는 전정 기관과 회전 감각을 느끼는 세반고리관도 있어. 몸을 움직이면, 전정 기관 안에 있는 이석이라는 작은 알갱이들이 흔들리거나 한쪽으로 치우쳐. 그러면서 주변의 평형 감각 세포들을 건드려 몸이 기울어졌다는 것을 뇌에 알려 줘. 그리고 몸을 빙글빙글 돌리면, 세반고리관 안에 있는 림프액이 따라 회전하고 털이 감각 세포를 자극해서 몸이 돌고 있다는 것을 뇌에 알려 줘."

민형이는 여전히 알쏭달쏭한 표정만 지었어요. 그러자 알로는 멀미가 생기는 이유에 대해 설명을 이어 갔어요.

"사람의 눈과 귀는 몸의 움직임에 대한 정보를 뇌에 전달해. 그런데 차를

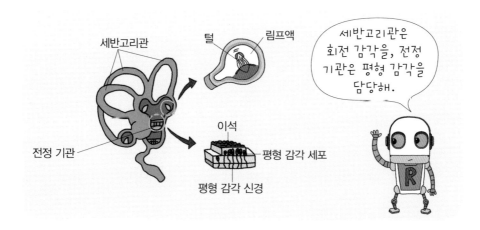

세반고리관

털   림프액

세반고리관은 회전 감각을, 전정 기관은 평형 감각을 담당해.

이석

평형 감각 세포

전정 기관

평형 감각 신경

타고 갈 때 눈은 몸이 움직이지 않는다는 정보를 주고, 귀의 평형 기관은 몸이 움직인다는 정보를 줘. 이렇게 두 감각이 서로 다른 정보를 전하니까 뇌가 혼란 상태에 빠지는 거야. 그게 바로 멀미야. 그래서 멀미가 나면 어지럽고 구역질이 나고 심하면 토하고 **기진맥진한** 상태가 되지.”

“눈과 귀가 보내는 정보가 다를 수 있다고?”

민형이는 이해가 안 간다는 듯이 머리를 긁적였어요.

“응. 반대로 눈은 움직인다고 하는데, 귀는 멈춰 있다는 정보를 뇌에 보내는 경우도 있어. 바로 3D 영화처럼 입체 영화를 볼 때야. 이때도 차를 탈 때처럼 멀미가 날 수 있지.”

민형이는 멀미가 귀와 관련이 있다는 것이 마냥 신기했어요.

“그렇구나. 그럼 너도 평형 감각이 있니?”

“응. 나도 물론 평형 감각이 있지. 내가 정지해 있는지, 움직이는지, 움직인다면 얼마나 빨리 움직이고 있는지, 또 몸이 어느 쪽으로 기울어져 있는지를 알아야 적절하게 대응할 수 있으니까 평형 감각이 필요해. 몸이 **기우뚱하면** 중심을 잡아야 넘어지지 않을 거고, 움직이는 속도를 파악해야 멈출 때 브레이크를 얼마나 세게 작동할지 알 수 있을 테니까.”

“그렇구나. 그럼 나처럼 평형 감각을 느끼는 기관이 귓속에 있겠네?”

“그건 아니야. 내 몸속에는 평형을 감지하는 수평계가 있어서 항상 몸이 땅과 수평을 유지하도록 도와줘. 그래서 바닥이 **평평하지** 않아도 몸이 기울어지거나 넘어지지 않아. 그리고 속도를 측정할 수 있는 속도계와 회전을 감지할 수 있는 회전 감지계가 있어서 이동 속도와 회전 여부를 판단해. 난 이 모든 기관들이 너와는 달리 몸 곳곳에 각각 따로 떨어져 있단다.”

"그렇구나. 그런데 왜 우리 가족 중에서 나만 멀미를 해? 엄마나 아빠는 같이 차를 타도 멀미하는 걸 못 봤어."

민형이가 골똘히 생각하더니 물었어요.

"그건 뇌에서 해석하는 차이가 나기 때문이야. 자동차를 타고 갈 때 멀미를 심히게 하는 사람도 자기가 운전을 할 때는 멀미를 하지 않아. 운전을 하면서 **핸들을 돌리는** 과정에서 뇌가 알아차리는 거야. '난 지금 움직이고 있으니까 귀에서 흔들리는 신호를 보내는 게 정상이구나.' 하면서 말이야. 그러면 뇌가 헷갈리지 않으니까 멀미를 하지 않아. 그리고 똑같은 행동

보기만 해도
어지러워!

피겨 스케이팅의 기술 중에서 축이 되는 발 하나로 서서 여러 자세로 도는 기술을
'스핀(spin)'이라고 한다. 선수들은 스핀을 반복적으로 연습해 어지러움을 덜 느낀다.

을 반복해서 연습하면 뇌도 학습되어서 헷갈리지 않아. 혹시 TV에서 피겨
스케이팅 선수들이 얼음판 위에서 빙글빙글 도는 걸 본 적이 있니?"

"아, 저번에 김연아 선수 경기에서 본 적 있어. 정말 신기하더라. 거
의 스무 바퀴는 돈 것 같은데 아무렇지도 않더라고. 난 고작 다섯 바퀴만
돌아도 머리가 어질어질하니 현기증이 나던데."

"그게 바로 훈련의 결과야. 김연아 선수처럼 전문 피겨 스케이팅 선수나
무용수들은 빙글빙글 도는 동작을 많이 반복하는데, 처음에는 심하게 흔
들려 어지럽지만 자꾸 훈련하다 보면 뇌가 익숙해져서 어지럼증을 덜
느끼게 되지. 마찬가지로 우주 비행사들도 우주에서 생기는 멀미를 방지하
기 위해서 훈련을 받아."

"우주선에서도 멀미를 해?"

민형이는 믿을 수 없다는 듯이 코를 벌름거리며 물었어요.

"당연하지. 우주 멀미는 땅에서 하는 것보다 훨씬 더 심해. 우주에서는 중력이 없어서 몸이 제멋대로 움직이기 때문이야. 그래서 멀미도 더 심하게 나. 게다가 자동차를 타고 갈 때 멀미가 나면 일단 내려서 좀

괘, 괜찮아?

쉬면 나아지지만, 우주에서는 우주선 밖으로 나갈 수도 없으니까 더 문제야. 그래서 우주 비행사가 되려는 사람들은 6개월 정도 빙글빙글 돌아가는 회전 기계에 들어가서 아무리 기계가 흔들리고 돌아가도 멀미를 하지 않을 때까지 혹독한 훈련을 받는다고 해."

알로가 우주 멀미에 대해 자세히 설명해 주었어요.

"헉! 난 절대 우주 비행사는 못 될 것 같아. 생각만 해도 벌써부터 멀미가 날 것 같아!"

민형이의 표정이 잔뜩 일그러졌어요.

"우주 비행사가 될 필요는 없지만 가능한 멀미는 안 하는 게 좋겠지. 다음에는 할머니 댁에 갈 때 부모님께 기차를 타자고 해 봐. 기차는 흔들림이 적어서 멀미를 훨씬 덜 하거든."

알로가 부드러운 목소리로 민형이에게 말했어요.

 로봇이란 무엇일까?

 로봇은 어떤 작업이나 조작을 자동적으로 하는 기계 장치이다. 겉모습은 인간과 닮지 않았어도 인간이 하는 일을 대신 하여, 자동으로 작동하는 기계를 모두 로봇이라고 한다.

로봇은 크게 두 가지 방향으로 개발되었다. 하나는 장난감으로 만들어진 자동 장치이고, 다른 하나는 산업 현장에서 사람을 대신하는 기계이다. 산업이 점점 발달하면서 더 정교한 작업을 할 수 있는 로봇이 개발되었다. 현재 산업 시설에서는 부품을 조립하거나 불량품을 찾아내는 일 등 많은 부분에서 로봇이 사람의 일을 대신 한다.

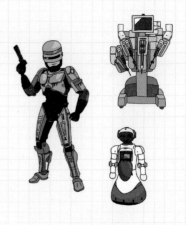

5학년 2학기 과학 4. 우리 몸의 구조와 기능

우리 눈에서 수정체는 어떤 역할을 할까?

수정체는 눈동자 뒤에 있는 투명하고 양면이 볼록한 물질이다. 수정체는 빛의 초점을 망막에 맞추는 역할을 한다. 수정체 주변에는 모양체 근육이 있다. 모양체 근육이 늘었다 줄었다 하면서 수정체를 변형시켜 어떤 거리에 있는 물체라도 정확하게 초점을 맞춘다.

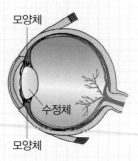

모양체

수정체

모양체

귀에서 소리는 어떻게 전달될까?

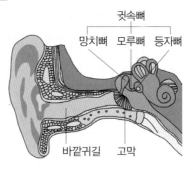

소리는 귓바퀴에서 모여 바깥귀길로 들어간다. 소리가 고막을 진동시키면 진동이 귓속뼈로 전해진다. 귓속뼈는 가운데귀의 속에 있는 세 개의 작은 뼈로 망치뼈, 모루뼈, 등자뼈이다. 귓속뼈를 통해 고막의 진동이 속귀에 전달되고, 달팽이관 속 림프액을 진동시키면 진동이 전기 신호로 바뀌어 청신경을 타고 대뇌로 전달되어 우리가 소리를 들을 수 있다.

아픔은 어떻게 느낄 수 있을까?

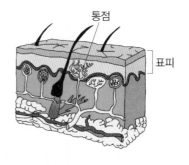

우리가 아픔을 느끼는 것은 통점이 있기 때문이다. 사람의 피부에는 촉각을 느끼는 세포가 많다. 촉각 세포는 따뜻함, 차가움, 아픔, 눌리는 느낌 등을 느낄 수 있다. 감각을 느끼는 자리를 감각점이라고 하는데, 피부의 감각점들 중에서 가장 많은 것이 아픔을 느끼는 통점이다. 하지만 통점이 아닌 다른 감각점들도 감각의 강도가 세지면 모두 통점으로 연결되어 아픔을 느끼게 된다. 그래서 아주 뜨거운 물건이나 아주 차가운 물건을 만지면 뜨겁거나 차가운 느낌이 아닌 아픔을 느끼게 된다.

2장

로봇은
스스로
움직여

두 발로 걸어

애고, 귀여운 녀석! 이제 두 발로 걷네.

요즘 민형이 동생 민서는 한창 걸음마 연습 중이에요. 오늘도 소파 가장자리를 잡고 일어서서 **두뚱두뚱** 서너 발짝씩 걸었는데 그 모습이 참 귀여웠어요. 아직은 걸음마가 익숙하지 않은 민서는 빠르게 움직여야 될 때면 걷는 걸 포기하고 무릎으로 기어가는데 두 발로 걷는 것보다 훨씬 빨라요. 마치 손바닥이나 무릎에 바퀴라도 달린 것처럼 말이에요.

"알로, 동물들은 주로 네발로 기어 다니고 사람은 두 발로 걷잖아. 하지만 사람도 태어날 때부터 두 발로 걷지는 못해. 아기일 때는 **엉금엉금** 기다가 크면 두 발로 걸을 수 있지. 알로, 너는 어땠어? 너는 처음부터 두 발로 걸었어?"

"응. 나는 처음부터 두 발로 걸었어. 하지만 모든 로봇이 두 발로 걷는 건

빅 도그는 개를, 스틱키봇은 도마뱀을, 스네이크봇은 뱀을 닮았어. 모두 동물의 생김새와 움직임을 본떠 만들었지.

←스틱키봇

뱀이다!

←스네이크봇

빅 도그

아니야. 초기 로봇은 다리가 있어도 다리로 걷는 대신 발바닥에 있는 바퀴로 돌아다녔어. 사실 로봇이 굳이 두 발로 걸을 필요는 없거든. 이동할 때 두 발로 걷는 것보다 네 발로 걷는 게 훨씬 더 좋을 때가 많아. 동물이나 곤충처럼 발이 네 개나 여섯 개면 안정적이어서 길이 **울퉁불퉁해도** 잘 넘어지지 않으니까."

민형이가 그럴 줄 알았다며 고개를 끄덕였어요.

"미국의 로봇 회사인 보스턴 다이내믹스와 하버드 대학교에서 공동으로 개발한 빅 도그(Big dog)라는 로봇은 네 개의 다리로 움직여. 사람이 밀거나 부딪쳐도 넘어지지 않고 중심을 잡을 수 있지. 또 미끄러운 빙판길에서도 균형을 잡을 수 있어. 길을 가다 중간에 장애물을 만났을 때는 **폴짝** 뛰어넘을 수도 있지."

"우아, 점프하는 로봇이라니."

저게 무한궤도구나!

무한궤도

무한궤도를 단 정찰 로봇은 울퉁불퉁한
험한 길도 잘 오르내린다.

"로봇은 다리 없이 바퀴나 무한궤도를 이용해 얼마든지 움직일 수 있어. 사실 속도는 바퀴로 달리는 게 가장 빠르지만, 바퀴는 **울퉁불퉁한** 길이나 계단을 다니기가 어렵지. 그런데 무한궤도를 이용하면 험한 길도 잘 다닐 수 있으니 굳이 두 발로 걸어 다닐 필요는 없지."

민형이는 아직도 뭔가 궁금한지 고개를 갸웃거렸어요.

"그런데 왜 넌 두 발로 걸어?"

"아, 난 휴머노이드라서 처음부터 두 발로 걷도록 만들어진 거야. 비록 중심 잡기는 좀 어렵지만 장점이 있어. 두 발로 걸으면 좁은 통로에서 방향을 전환하기가 쉽고, 험한 길이나, 계단이나 **움푹** 파인 구덩이처럼 높낮이가 있어도 문제없지. 심지어 절벽도 기어오를 수 있어. 또한 우리 휴머노이드들은 사람들과 같은 공간에서 살아갈 목적으로 만들어졌기 때문에 사람들처럼 두 발로 걸어야 했지. 그런데 두 발로 걷는 로봇을 만드는 건 무지무지 어려웠어."

"에이, 두 발로 걷는 게 뭐가 어렵다고. 난 눈 감고도 할 수 있는걸?"

"너도 처음부터 두 발로 걷지는 못했잖아. 네 동생 민서가 걷는 걸 보면 어떤 생각이 들어?"

"**뒤뚱뒤뚱** 걷는 게 귀엽긴 하지만 비틀비틀거리다가 꼭 넘어질 거 같아. 실제로도 자주 넘어지고."

"두 발로 걷는 것을 이족 보행이라고 해. 이족 보행을 하려면 균형 감각이 꽤 필요해. 자, 천천히 걸어 볼래?"

민형이가 천천히 걷자 알로가 **차분하게** 설명을 이어 갔어요.

"우리는 발을 들고 내디딜 때마다 무게 중심을 이동시키는 프로그램이 필요해. 걸을 때 오른발을 들어 내딛는 동안에 몸의 무게 중심을 왼발에 두었다가, 오른발이 땅에 닿는 순간 재빨리 몸의 무게 중심을 오른발로 옮기고, 뒤쪽에 있는 왼발을 들어 앞으로 내딛는 과정을 되풀이해야 하지."

"난 걸을 때 그런 생각을 하지 않고도 걸을 수 있는데?"

민형이가 대수롭지 않다는 듯이 대답했어요.

"후후, 그건 네가 이미 걷는 방법을 잘 알고 있으니까 그런 거야. 인간의 몸은 반복되는 연습과 운동을 통해 신체 능력을 발달시킬 수 있거든."

"헤헤, 그런가? 아마도 민서처럼 아기일 때 걷는 방법을 배워서 기억이 안 나나 봐."

알로가 **빙긋** 웃으며 설명을 계속했어요.

이족 보행 로봇은 걸을 때 몸의 무게 중심을 오른발과 왼발로 번갈아 이동시켜.

비틀 비틀

누 발로 걷는 게 이렇게 어려운 거라니. 난 로봇이 만능인 줄 알았는데.

미시간 대학교 제시 그리즐 교수 팀의 이족 보행 로봇 '말로(MARLO)'는 뾰족한 발로 균형을 잘 잡는다. 경사진 곳도 역동적으로 걸을 수 있다.

"이족 보행의 기본 원리는 걸어가는 방향으로 한 발을 들었을 때 몸이 쓰러지기 전에 재빨리 다른 발을 내디뎌 균형을 잡는 것을 반복하는 거야. 그런데 이렇게 균형 잡기가 생각보다 어려워."

"균형 잡기가 문제구나!"

"그래서 과학자들은 사람들의 걸음걸이를 모방해서 로봇이 두 발로 걷는 방법을 찾아냈어. 사람은 먼저 눈으로 바닥이 울퉁불퉁한지 미끄러운지 경사가 있는지를 살피고, 이에 맞게 발목 및 무릎 관절의 동작을 결정해서 발을 내딛지. 그리고 한 발을 내디딘 다음에는 귓속의 반고리관과 전정 기관에서 보내오는 균형 감각과 발바닥의 피부가 전해 오는 감각에 맞춰 몸의 균형을 조절해. 사람이 이런 과정을 느끼지 못하는 건 눈 깜짝할 새 이 모든 과정이 일어나기 때문이야."

"와, 걷는 동안 정말 많은 일들이 내 몸에서 일어나고 있었구나."

민형이는 혀를 내둘렀어요.

"나도 사람과 비슷한 방법으로 걸어. 먼저 눈에 달린 카메라를 통해 바닥의 상태를 파악해. 그리고 발목과 무릎에 있는 모터를 조절해서 발을 내딛고, 발바닥에 있는 압력 센서와 수평 감각계의 정보를 이용해서 다음 발을 어떤 식으로 내디뎌야 할지 재빨리 결정해서, 넘어지기 전에 다른 발을 내디는 과정을 반복하며 걸어 다녀. 이것을 다이내믹스 워킹이라고 해."

"와, 정말 로봇의 걷는 과정이 사람과 비슷하네."

"일본의 자동차 회사 혼다에서 2000년에 개발한 인간형 로봇 아시모는 다이내믹스 워킹으로 걷는 데 성공했을 뿐만 아니라 세계 최초로 계단까지 올라간 이족 보행 로봇이야. 하지만 당시에는 속도가 시속 2km 정도로 매우 느렸다고 해. 이후 기술이 더욱 발전하면서 2011년 개발된 아시모3은 시속 9km로 달릴 수 있게 되었어. 그 후 관절 모터의 구동성이 좋아지고, 정보 처리 능력이 더욱 향상된 뒤 나온 게 바로 나야. 난 거의 사람처럼 걸을 수 있고, 사람보다 더 빨리 뛸 수도 있어."

민형이가 입을 쩍 벌리며 존경스럽다는 눈빛으로 알로를 쳐다보자 알로는 한 눈을 찡긋했어요.

아시모는 동작이 끊어지지 않고 걸을 수 있어. 또 방향을 전환하고, 계단을 오르내리고, 한 발로 뜀뛰고, 축구도 할 수 있지.

우리나라의 휴보와 경쟁하는 로봇이군.

손으로 물건을 잡아

"뭐 재미있는 거 없나?"

우연히 TV 채널을 돌리던 민형이는 '호랑이도 무서워하는 동물'이라는 제목의 자연 다큐멘터리를 보게 되었어요.

"맹수의 왕 호랑이가 무서워하는 건 뭘까? 설마 곶감은 아니겠지?"

그건 강아지만 한 크기의 호저였어요. 호저는 매우 길고 **날카로운** 가시가 있는 동물로 가시에 미늘이 있어서 한번 박히면 잘 빠지지 않아요. 그래서 동물의 왕 사자조차도 호저의 가시에 찔리면 가시를 뺄 수 없어 결국 찔린 부위가 곪아서 **시름시름** 앓다가 죽는다는 것이었어요.

'사람이라면 손으로 가시를 뺄 텐데 사자는 못하겠구나.'

"만약 사자도 사람처럼 손을 사용할 수 있다면 호저의 가시가 박혀도 죽지 않겠지? 그래서 가시를 **뽑아 준** 사람에게 먹을 걸 가져다준 '은혜 갚은 호랑이'라는 전래 동화가 있는 건가?"

"맞아. 사람이 두 발로 걸으면서 다른 동물들과 달라진 건 두 팔의 움직임이 자유로워졌다는 거야. 새들도 두 발로 걷지만 새들은 앞발이 날개로 변했기 때문에 손을 **자유자재로** 사용할 수 있는 건 사람이 최고야. 사람은 두 손을 이용해 다양한 도구를 만들어 내면서 다른 동물들과 다르게 발전할 수 있었어. 그러니 사람을 닮은 로봇인 휴머노이드들도 사람처럼 움직이는 팔과 손을 가져야 하지."

"알로, 넌 손가락이 네 개인데 나처럼 손을 사용할 수 있어?"

"그럼. 난 사람의 일을 대신 하는 로봇이니까 내 손과 팔은 사람의 손과 팔의 구조를 본떠 만들어졌어. 손가락의 개수는 다르지만 내 손은 사람들

미국의 로봇 회사 윌로 거라지에서 개발한 물건 잡는 로봇 'PR2'이다. 잡기 힘든 곳에 위치한 물건을 밀거나 당기는 방식으로 위치와 방향을 바꾸어 잡는 그리퍼 기술을 개발했다.

난 네 손가락으로 둥근 물건을 잘 잡을 수 있어.

얍!

이 하는 일을 거의 할 수 있어. 자세히 살펴보면 사람 손은 **집게와** 비슷하고, 팔에는 지렛대의 원리가 숨어 있어. 그래서 초기 휴머노이드의 손은 집게 모양이었지. 집게의 압력을 조절한 다음 물건을 집어 들곤 했어. 하지만 그렇게 해서는 사람처럼 정교한 행동을 할 수 없어."

"사람처럼 정교한 행동을 하려면 어떻게 해야 하는데?"

알로는 손을 뻗어서 바구니에서 털실 뭉치를 집어 들었어요.

"사람은 이렇게 손가락을 이용해 물건을 쥐어. 이때 중요한 건 엄지손가락의 역할이야. 손을 펴 봐. 엄지손가락이 나머지 네 손가락과 다른 방향을 보고 있지? 이렇게 엄지손가락이 다른 손가락과 마주 보고 있기 때문에 물건을 **꽉** 쥘 수 있어. 만약 손가락이 모두 같은 방향을 보고 있다면 물건을 제대로 잡을 수 없을 거야. 내 손도 엄지손가락의 방향이 다른 손가락들과 달라서 손끝을 붙이고 물건을 쥘 수 있어. 손가락이 꼭 다섯 개일 필요는 없지만 엄지손가락은 반드시 있어야 해. 난 네 손가락으로 실뜨기도 잘할 수 있어. 자, 나랑 같이 해 볼래?"

그러면서 알로는 털실로 **실뜨기를** 하기 시작했어요. 민형이도 알로의 손에서 실뜨기를 이어받았어요. 날틀에서 시작해서 쟁반, 젓가락, 베틀, 절굿공이 등 손에서 손으로 옮겨 갈 때마다 다양한 모양이 나타났어요.

"난 사람처럼 손가락을 마음대로 움직일 수 있고, 힘은 사람보다 더 세.

내 팔꿈치에는 지렛대 같은 역할을 하는 모터 장치가 달려 있어서 적은 힘으로도 무거운 짐을 들 수 있지. 그리고 손가락에는 압력 센서와 온도 감지 센서 등 다양한 센서를 부착해서, 달걀이나 유리병처럼 깨지기 쉬운 물체들을 적절한 압력으로 잡을 수 있어. 또 지나치게 **뜨겁거나** 차가운 물체

에 닿았을 때 알려 주는 기능도 있어. 하지만 사람의 손이 할 수 있는 모든 일들을 지금 이 손으로는 다 하지 못해."

"정말? 난 로봇이 사람보다 더 많은 일을 하는 줄 알았어."

"사람의 손은 정말 여러 가지 일을 할 수 있어. 하지만 나도 방법이 있지. 난 로봇이기 때문에 하나의 손만 고정할 필요가 없거든. 그러니까 여러 가지 동작에 맞는 다양한 형태의 손을 그때그때 맞춰서 바꿔 낄 수 있어. 예를 들면 물건을 잡을 때는 집게 형태, 금속 물질을 잡을 때는 자석 형태, 크고 무거운 물체를 들 때는 **넓적한** 받침대 형태 등으로 얼마든지 바꿀 수 있어. 또 재봉틀이나 수틀 형태의 손을 달면 바느질을 하거나 자수를 놓을 수도 있어."

"그럼 넌 뭔가를 배울 때 손만 바꿔 끼우면 되는 거야? 왠지 부럽기도 하고, 반칙 같기도 한걸."

사람처럼 생각해

학교에서 돌아와 보니 엄마랑 동생은 산책을 나간 듯 집에는 아무도 없고 대신 바닥에서 로봇 청소기만 **윙윙대며** 돌아다니고 있었어요. 민형이가 '먼지돌이'라는 이름을 붙여 준 이 로봇 청소기는 민서가 기어 다니기 시작하면서 아무거나 주워 먹는 통에 엄마가 큰맘 먹고 주문한 거예요. 그런데 먼지돌이가 움직이면 민서가 기어코 쫓아가 위에 올라타는 바람에 엄마는 먼지돌이를 돌려 놓고 민서와 외출을 하곤 해요.

민형이는 진공청소기와 로봇 청소기의 공통점과 차이점을 생각해 보았어요. 공통점은 둘 다 진공 흡입기로 바닥에 떨어진 먼지를 **빨아들여** 청소를 한다는 점이에요. 차이점은 진공청소기는 사람이 끌고 다니면서 먼지가 있는 곳에 갖다 대야 하지만, 로봇 청소기는 스스로 알아서 돌아다니면서 먼지를 빨아들인다는 거예요. 먼지돌이는 벽이나 식탁 같은 장애물에 부딪치면 방향을 바꿀 수도 있어요. 또 배터리가 떨어지면 스스로 충전기를 찾아가 충전을 하고, 먼지의 양에 따라서 흡인력을 조절해요. 마치 청소

스스로 알아서 청소하네!

상태를 파악하고 판단해서 청소를 하는 것처럼 보였어요.

'잠깐 자고 나면 엄마가 오시겠지.'

민형이는 알로를 만나기 위해 **낮잠을** 청했어요.

"알로, 우리 집에 있는 먼지돌이도 로봇 맞지?"

"왜 로봇이라고 생각해?"

"먼지돌이는 청소기지만, 일반 진공청소기랑 다른 거 같아. 진공청소기는 사람이 청소기 흡입구를 먼지가 있는 곳에 갖다 대야 청소가 가능하지만, 먼지돌이는 혼자 청소를 하잖아. 그리고 먼지돌이는 벽이나 식탁 다리 같은 것에 부딪치면 방향을 바꿔 다른 곳으로 움직이고, 배터리가 떨어지면 알아서 충전기를 찾아가. 또 먼지의 양에 따라서 세게 돌아가거나 약하게 돌아가기도 하지. 그러니까 로봇 맞지?"

알로는 민형이의 말에 흐뭇한 표정을 지으며 고개를 끄덕였어요.

"맞아. 먼지돌이는 사람을 닮은 휴머노이드는 아니지만 스스로 탐색하고 청소할 수 있으니 당연히 로봇이라고 할 수 있지. 일종의 **청소 로봇.**"

"그런데 로봇들은 어떻게 생각을 하고 판단을 해?"

"로봇들이 생각하는 방식은 여러 가지가 있어. 그중 하나가 저

로봇 청소기는 로봇이다?
로봇이 아니다?

로봇이다!

장 장치와 검색 장치를 이용해 자료를 검색하는 방법이야. 미리 다양한 자료를 입력한 뒤에 이 자료들과 비교해서 판단을 내리는 식이지. 예를 들어 종합 병원 로비에 안내 로봇을 두고, 이 로봇에 환자들의 이름, 얼굴, 병원 기록 등을 저장해 두면 로봇은 병원을 방문한 환자의 얼굴을 스캔해서 저장된 데이터와 비교한 뒤, 진료실과 진료 시간 등을 안내해 줄 수 있지. 로봇의 저장 장치에는 어마어마한 양의 데이터를 저장할 수 있고, 매우 빠른 시간 내에 저장된 정보 전체를 검색할 수 있기 때문에 이 방법도 꽤나 유용하긴 해."

"이야, 시험 볼 때 정말 유리하겠는걸. 뭐든 외워서 쓸 수 있잖아."

"그렇긴 하지. 하지만 이 방법으로는 답이 정해진 문제에만 대답할 수 있을 뿐 다양하고 추상적인 생각을 하는 건 어려워. 그래서 최근에 개발된 기술 중 하나가 딥 러닝(Deep Learning)이야. 최근에 사람과 인공 지능과의 바둑 경기에서 이세돌 9단을 4 대 1로 이긴 알파고(AlphaGo) 덕분에 유명해진 말이기도 해."

"앗, 나도 알파고를 알아. 아빠가 바둑을 좋아하셔서 이세돌 9단과 알파고가 겨루는 모습을 TV로 봤었어."

민형이는 바둑 경기를 보았을 때를 떠올리며 흥분했어요.

"그래. 많은 사람들의 관심이 집중되었었지."

"그런데 딥 러닝이 뭐야?"

"딥 러닝이란 미리 프로그램에 모든 명령어를 정확히 입력하는 것이 아니라 기본적인 상황만 주고, 실제 경험을 통해 더 좋은 것을 스스로 골라낼 수 있도록 기계를 훈련시키는 일종의 기계 학습 방식이야."

오른쪽에서 두 번째 사람이 민형이입니다.

딥 러닝 기술을 적용한 얼굴 인식 기술인 '딥 페이스'야.

우아, 사람처럼 사진 속의 내 모습도 척척 알아서 찾아내는구나!

미국의 컴퓨터 회사 IBM에서 8년에 걸쳐 개발한 슈퍼컴퓨터 '딥 블루'는 초당 3억 개의 경우의 수를 계산한다. 세계 체스 챔피언인 러시아의 가리 카스파로프와의 체스 대결에서 승리하면서 유명해졌다.

"기계 학습 방식? 그럼 알파고가 **똑똑한 게** 스스로 학습할 줄 알아서라는 거야?"

"그래. 알파고가 나오기 전까지 사람들은 인공 지능이 바둑으로 사람을 이길 거라고는 거의 생각하지 않았어. 알파고 이전에 나온 인공 지능은 체스나 바둑 같은 게임을 할 때, 생각을 하는 게 아니라 계산을 했거든. 즉 상대방이 말을 한 칸 움직이면, 이후에 일어날 수 있는 모든 경우의 수를 다 계산해서 가장 이길 확률이 높은 수를 선택했지."

"역시 슈퍼컴퓨터구나. 그 많은 경우의 수를 다 계산하다니."

민형이는 눈이 동그래지며 감탄했어요.

"체스를 둘 때는 이 방법이 가능했어. 체스를 둘 때의 모든 경우의 수는 10^{120} 정도였거든 그런데 바둑에서 둘 수 있는 모든 수들의 합은 10^{170} 정도 돼. 이 숫자는 우주 전체에 존재하는 원자의 수보다 많은 수야. 아무리 슈퍼컴퓨터라 하더라도 이걸 다 계산할 수는 없다는 말이지."

"우주 전체의 원자 수? **맙소사,** 엄청난 수구나."

"그래서 지금껏 사람보다 바둑을 잘 두는 기계를 개발하는 건 불가능이라 생각했지. 그래서 알파고를 개발한 구글 연구진들은 기계에게 사람처럼

알파고와 이세돌
인공 지능 바둑 프로그램인 알파고는 '고수이면 어디에 둘까?'를 예측하고,
'어디에 두면 얼마의 승률을 기대할 수 있을까?'를 예측한 다음, 이 두 예측을
반반씩 섞어 의사 결정을 내린다.

생각하는 방법을 가르쳤대."

"사람처럼 생각하는 방법이라고?"

"응. 잘 들어 봐. 일반적으로 사람은 바둑을 둘 때 아무리 많은 경우의
수가 있다고 하더라도, 그걸 다 계산해 보지는 않잖아? 경험과 감각, 혹은
직관에 따라 몇 가지의 선택 가능한 사항 중에서 판단하여 바둑을 두지.
쉽게 말하면 맘 내키는 대로 하는 거야. 즉 고수란 맘 내키는 대로 두면서
도 **최고로** 잘 두는 사람인 거야."

"맞아. 대충 두는 것 같은데 되게 잘 두는 사람들이 있어."

"그게 바로 고수야. 그래서 연구진들은 알파고가 바둑의 고수처럼 판단
하도록 알파고에 바둑 아마추어 6~9단의 실력자들이 둔 16만 건의 바둑

경기 내용을 기록한 기보를 저장시켰다고 해. 이 기보를 통해 알파고는 이미 그 안에 나타난 3천만 착점을 익혔지. 그리고 이 정보를 기반으로 두 대의 알파고로 수천만 번의 가상 대국을 진행했어. 그리고 그중에서 좋은 결과가 나온 경우를 더욱 강화시키는 강화 학습 정책망을 사용한 거야. 무조건 모든 기보를 다 외우는 게 아니라 무작위적으로 바둑 경기를 계속하면서 더 효과가 좋았던 것을 골라내 가중치를 두는 방식을 이용했지."

"잘 모르겠지만 무지 복잡한 학습인 것 같아. 휴, 난 학습은 싫어."

"알파고가 사용한 이런 방식은 바로 사람의 뇌에서 일어나는 일과 매우 비슷해. 사람의 뇌는 가능성을 가지고 태어나. 아기들은 태어날 때 말을 할 수 있는 능력을 지니고 있지만 어떤 언어를 사용할지는 결정되어 있지 않아. 자라면서 자주 접하는 언어를 배우는 거지. 그래서 한국인 부모에게서 태어난 아기라도 미국에서 자라면 영어를 잘하는 거야."

"아, 아깝다! 나도 미국에서 자랐으면 영어를 무지무지 잘했을 텐데."

"그렇지. 아기가 자라면서 자신이 가장 많이 듣고 접한 언어를 배우는 것은 뇌를 구성하는 신경 세포의 시냅스가 처음에는 이어져 있지 않다가 자주 반복되는 언어를 기억하기 위해 회로가 형성

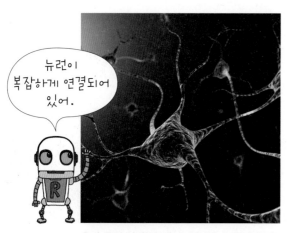

뉴런이 복잡하게 연결되어 있어.

우리 몸의 신경 세포인 뉴런이다. 뉴런의 신경 섬유 끝부분과 다른 뉴런이 이어진 곳을 시냅스라고 한다. 한 개의 뉴런은 수천 개의 다른 뉴런과 연결되어 있으며 이를 통해 학습 능력이 형성된다.

된 결과야. 마찬가지로 알파고는 시간이 지나면 지날수록, 더 많은 기보를 보면 볼수록, 더 많은 가상 대결을 하면 할수록 강화 경험이 늘어 더욱 좋은 판단을 할 수 있는 형태로 성능이 향상되는 거지."

"뇌와 관련된 이야기는 늘 어려워."

"응. 아직 너한테는 어려울 거야. 실제 대국에서 알파고는 상대가 한 수를 두면 그 수에 이어질 가능성이 높은 예상 시나리오 중에 무작위로 몇 가지를 선택한 뒤, 처음에 외웠던 16만 건의 기보들과 비교하고, 강화 학습 시에 익혔던 가중치를 계산해 다음 수를 두는 거야."

"우아, 대단하다."

민형이의 입이 쩍 벌어졌어요.

"더욱 신기한 것은 이렇게 인간처럼 바둑을 두는 방법을 가르치다 보니 알파고도 실수나 모험처럼 '인간다운' 면모를 보이기도 한대. 어쨌든 이세돌 9단과의 5판의 대국에서 4판을 이겨 인간답게 바둑을 두기 시작한 것이 꽤 좋은 판단이었다고 칭찬을 받고 있어."

"결국 알파고가 사람을 이길 수 있었던 건 기계처럼 계산해서가 아니라, 사람을 흉내 냈기 때문이야?"

"비슷한 거지. 그러니까 알파고에게 졌다고 실망할 필요는 없어. 사람들은 이미 알파고가 이길 때 썼던 방법들을 아주 오래전부터 알고 있었으니까 말이야."

알로, 너도 꼭 사람처럼 생각하는 것 같아!

Q 두 발로 걷는 로봇은 언제 만들어졌을까?

A 아시모를 만든 일본의 혼다라는 회사는 1980년대부터 두 발로 걷는 로봇을 연구했다. 1986년 제작된 E0는 두 발로 걷는 데 성공했지만 한 발을 내딛는 데 걸리는 시간이 길어 움직임이 느렸다. E0가 발명된 이후 두 발로 걷는 로봇에 대한 연구는 계속되었고, E2는 사람이 걷는 방식을 흉내 내어 한 시간에 약 1.2km 를 갈 수 있었다. E3는 사람이 걷는 속력과 비슷한 수준까지 빨라졌다. 이후 계속적으로 발전하여 1993년에 다리뿐 아니라 몸통, 팔, 머리가 있어서 최초의 인간형 로봇이라고 불린 P1이 등장했다. 마침내 2000년에는 '아시모'가 세상에 공개되었다.

Q 로봇 팔은 어떻게 만들어졌을까?

A 미국의 과학자 조지 데벌은 1940년경 자동문을 발명하는 등 여러 자동 기계 장치를 만들었다. 자기 테이프에 명령을 기록해 두면, 기계가 같은 일을 반복할 수 있을 거라는 데벌의 생각은 컴퓨터와 로봇을 탄생시킨 아이디어가 되었다.

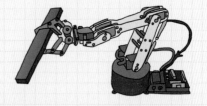

우선 기술자의 손과 팔에 탐지 장치를 붙이고 기계를 다루는 방식을 자기 테이프에 기록한 다음, 그 자기 테이프를 기계에 부착해 기계가 기술자의 동작을 따라 움직이게 하였다. 데벌은 이 프로그래밍 방법으로 1954년 특허를 받아 로봇 팔을 만들었다. 로봇 팔은 어깨, 오른쪽 팔, 왼쪽 팔, 손으로 구분되어 있고, 각 부분은 위아래와 좌우로 움직이며 드릴, 드라이버, 용접기, 집게, 톱 등을 집어 일을 할 수 있다.

로봇 팔은 언제부터 사용되었을까?

조지 데벌이 처음 로봇 팔을 만들었을 때는 이것을 사용하겠다는 사람이 쉽게 나타나지 않았다. 그래서 데벌은 친구와 '유니메이션'이라는 회사를 차리고, '유니메이트'라고 이름을 붙인 산업용 로봇을 홍보하였다. 로봇은 창문을 열고, 커튼을 열고, 유리창을 닦는 등의 일을 할 수 있었다. 이런 로봇이 있다는 사실을 알게 된 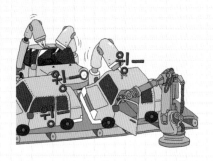 사람들은 '유니메이트'에 관심을 갖기 시작했다. 마침내 미국의 자동차 회사인 GM에서 1959년 로봇 팔을 최초로 구입하여 현장에서 사용하였다.

이후 로봇 팔은 산업 현장에서 점점 더 많이 사용되었다. 오늘날 자동화 공장에서는 로봇 팔을 흔히 볼 수 있다. 같은 일을 수없이 반복하는 작업이나 사람이 할 수 없는 힘든 일에 로봇 팔이 유용하게 사용된다.

  # 알파고가 무엇일까?

알파고는 구글의 딥 마인드라는 회사에서 개발한 인공 지능 컴퓨터 바둑 프로그램이다. 바둑 게임을 하기 위한 프로그램으로 인간의 뇌를 본뜬 인공 신경망을 기반으로 하여 프로그램 스스로 데이터를 분석하고 학습하는 능력이 있다.

아마추어 기사들의 바둑 기보 16만 건을 학습한 알파고는 수천만 번의 강화 학습 정책망을 통해 바둑돌을 놓을 자리를 찾고, 최종적으로 높은 승률을 거둘 수 있는 수를 예측해 형세를 판단한다. 알파고는 2016년 3월 9일부터 15일까지 우리나라의 프로 기사인 이세돌과 바둑 대결을 하여 4 대 1로 이겼다.

3장

로봇도 어려운 일이 있어

로봇에게 쉬운 일과 어려운 일

엄마, 아빠가 맞벌이를 하는 민형이네 가족의 아침은 늘 정신없어요. 엄마는 아침을 차린 다음 민서를 깨워 씻기고, 옷을 갈아입히고, 우유를 먹이고, 기저귀를 갈고, 어린이집 가방을 챙겨요. 아빠는 민형이를 깨워 아침을 먹이고, 학교 준비물을 점검해요. 두 분 다 출근 준비를 하면서 말이죠.

번개같이 움직이지만, 그래도 침대의 이불은 아직 정리가 안 되어 있고, 베란다에는 재활용을 위해 분리 배출해야 하는 종이 상자와 페트병들이 쌓여 있지요. 엄마는 전쟁터 같은 집 안을 보고 한숨을 내쉬며 **투덜**거렸어요.

"도대체 집안일을 대신 해 줄 도우미 로봇은 언제쯤이나 나올까? 세계 최고의 바둑 기사를 이기는 알파고는 만들면서 간단한 집안일을 대신 해 주는 로봇은 왜 못 만드는 거냐고!"

"오늘 아침에 엄마가 그러셨어. 알파고도 만드는데 왜 집안일을 하는 로봇은 못 만드냐고. 나도 전부터 그게 이상했어. 난 바둑이나 체스는 전혀 둘 줄 모르지만 내 방을 정리하거나 수건을 갤 수는 있거든. 가끔 동생도 돌볼 수 있고. 그런데 어려운 바둑이나 체스를 잘 두는 인공 지능은 만들었으면서, 왜 간단한 집안일을 돕는 로봇은 못 만드는 거지?"

민형이는 이해가 안 된다는 듯이 고개를 갸웃했어요.

"사실 나 같은 휴머노이드를 만드는 과정에서 사람들이 가장 고민한 점도 바로 그거야. 로봇에 탑재된 인공 지능은 어떤 점에서는 기능이 정말 뛰어나지만, 어떤 점에서는 아이들만도 못하게 기능이 뒤떨어졌거든. 이런 현상에 대해서 로봇 공학자인 한스 모라벡은 '사람에게 쉬운 일은 로봇에겐 어렵고, 로봇에게 쉬운 일은 사람에게 어렵다.'라고 말했어. 이것을 '모라벡의 역설'이라고 해."

"그게 무슨 소리야? 더 어렵잖아!"

"그럼 실험해 보자. 민형아, 너한테 가장 어려운 문제는 뭐니?"

"음, 일단 수학에서 큰 수의 곱셈과 나눗셈, 도형 등이 어렵지. 영어 단어나 한자를 외우는 것도 어렵고, 사회도 **어려워.**"

"네가 지금 어려워하는 건 나한테는 아주 쉬운 일이야. 난 1초 안에 1,000조 단위의 숫자를 연산하는 것도 가능해. 그리고 내 인공 지능에는 영어를 비롯해서 한국어, 중국어의 모든 단어가 기록된 전자사전도 들어 있어. 또 인터넷에 접속해 어떤 정보든 검색할 수 있지."

"와, **대단해.** 난 세 자리만 넘어가도 계산하기 어렵던데."

"이런 수학적인 문제나 명확한 답이 있는 문제는 인공 지능을 가진 내게

매우 쉬운 일이지만 집안일은 그렇지 않아. 예를 들어 학교에서 돌아와 스웨터를 벗었어. 이 스웨터를 빨아야 할까? 아니면 한 번 더 입어도 될까?"

"그냥 한눈에 보고 더러우면 빨고, 깨끗하면 한 번 더 입으면 되지."

"그래. 넌 그걸 직관적으로 할 수 있지만 로봇에게 시키려면 '더럽다'는 기준을 알려 줘야 해. 그런데 그게 쉬운 일이 아냐. 스웨터가 더럽다는 기준이 뭐지? 얼룩이 있으면, 먼지가 묻어 있으면, 땀 냄새가 나면? 바늘구멍 정도의 얼룩만 있어도 더러운 걸까? 먼지와 땀 냄새는 어느 정도가 되어야 더러운 거지? 결국 얼룩의 크기와 색깔, 먼지가 묻은 정도, 땀 냄새의 강도, 언제 입었는지 등 모든 정보를 일일이 다 입력해 줘야 해. 간단한 빨래만도 이렇게 생각할 것이 많은데 사람마다 입맛이 다른 요리나, 의사소통을 하기 어려운 아기 돌보기는 로봇에겐 무한 도전에 가까워. 변수가 너무나 많거든."

"생각해 보니 웃기네. 나한테 쉬운 건 너한테 어렵고, 너한테 쉬운 건 나한테 어렵다니. 도대체 왜 그런 거지?"

"그건 가장 기본적으로 사람의 뇌와 로봇의 인공 지능이 작동하는 방식이 다르기 때문이야. 사람은 세상을 아날로그적으로 받아들이고 직관적으로 생각하는 반면, 인공 지능은 세상을 디지털 방식으로 이해하고 연산을 통해 처리하기 때문이야."

"아, 디지털과 아날로그는 들어 본 거 같아. 근데 뭔지는 잘 모르겠어."

"그래. 그건 내가 내일 다시 알려 줄게. 넌 이제 자야 할 시간이니까. 밤에 잠을 충분히 자야 키가 자랄 수 있거든."

알로는 눈을 찡긋해 보였어요.

디지털과 아날로그

민형이는 하루가 빨리 지나고 저녁이 되기만을 기다렸어요. 오늘 알로가 디지털과 아날로그에 대해 자세히 알려 주기로 했거든요. 저녁에는 TV에서 '디지털 시대'라는 뉴스가 나왔어요. 뉴스에서는 스마트폰에 대한 이야기를 했지요.

'알로도 스마트폰 이야기를 하려나?'

민형이는 저녁을 빨리 먹고 일찍 잠자리에 들었어요.

"민형아, 어제 내가 로봇들은 정보를 디지털 방식으로 처리한다고 말했었지. 디지털(digital)이란 말은 '손가락'을 뜻하는 'digit'라는 단어에서 나왔어."

"손가락이라고?"

민형이는 이해가 안 되는 표정으로 알로를 바라보았어요.

"응, 민형아. 네 손가락을 봐."

민형이는 양 손가락을 **뚫어져라** 바라보았어요.

"손가락은 하나씩 따로 떨어져 있어. 그래서 사람들은 처음 숫자를 배울 때 손가락을 세면서 배우지."

"하하, 맞아. 나도 처음 십까지 수를 셀 때 양 손가락을 모두 사용했지."

어릴 적 기억이 떠오른 민형이는 **씨익** 미소를 지었어요.

"손가락이 하나씩 따로 떨어져 있고, 수를 세는 방법이라는 걸 이해하면 디지털이 어떤 의미인지 쉽게 이해할 수 있어. 디지털이란 세상의 모든 정보를 하나씩 떨어진 존재로 인식하는 거야."

"하나씩 떨어진 존재?"

민형이는 고개를 갸웃하며 알로의 말을 따라 중얼거렸어요.

"디지털과 달리 아날로그(analogue)라는 말은 '닮았다'는 뜻을 지닌 'analogia'라는 말에서 왔어. 아날로그란 세상의 모든 정보를 닮은 것들로 본다는 거야."

"아, 어려워. 역시 디지털과 아날로그는 너무 어려운 거 같아."

민형이가 고개를 흔들자, 알로가 벽시계를 보여 주었어요.

"그럼 저 벽시계를 봐 봐. 시곗바늘이 멈추지 않고 아주 조금씩 움직이고 있지. 그래서 정확히 하나의 숫자를 가리키고 있지

하나씩 떨어져 있다고?

응. 디지털은 손가락처럼 모든 정보가 떨어져 있어.

91

않아. 그래서 벽시계로 시각을 알려면 시곗바늘이 어떤 숫자에 더 가까이 있는지를 알아야 해."

"응. 시각 읽는 법은 나도 알아. 짧은바늘과 긴바늘을 보면 돼."

시각을 맞혀 봐!

3시 50분!

"그럼 저 시계는 지금 몇 시 몇 분일까?"

"짧은바늘은 3과 4 사이에 있고 긴바늘이 10에 있으니까 3시 50분이야."

"오, 제법인데. 이번에는 여기 전자시계를 봐."

알로가 말을 마치자 이번에는 벽시계 옆에 전자시계가 나타났어요.

"전자시계는 정확하게 3시 50분이란 숫자를 나타내니까 그대로 읽기만 하면 돼. 1분이 지나기 전에는 숫자가 바뀌지 않으니까 헷갈리지도 않고. 그럼 이 두 시계 중에 더 정확한 건 어떤 시계일까?"

"전자시계가 정확한 숫자를 보여 주니까 더 정확한 거 아냐?"

"다시 예를 들어 볼까? 두 개의 시계가 고장 났어. 벽시계는 긴바늘이 떨어지고 짧은바늘만 남았고, 전자시계는 액정이 와장창 깨져서 시를 나타내는 숫자만 보여. 둘 다 몇 시인지는 알 수 있지만 몇 분인지는 몰라. 이제 더 정확한 시계는 어떤 걸까?"

"그러니까 바늘이랑 숫자랑……. 어휴, 모르겠는걸."

"이 경우는 벽시계가 정확해. 벽시계의 짧은바늘은 계속 움직이니까,

어떤 숫자에 가까이 다가가 있는지 보면 대충 시간을 알 수 있어. 3에서 약간 어긋났으면 3시 10분 정도일 거고, 4에 약간 못 미치면 3시 50분 정도일 거야. 하지만 전자시계는 3시 정각에서 3시 59분이 될 때까지 계속해서 숫자 3만 보여 주지. 그래서 지금 시각이 3시에 가까운지 아니면 4시에 가까운지 도통 알 수가 없어."

"듣고 보니 그러네."

"이처럼 디지털은 서로 겹쳐지지 않는 거고, 아날로그는 연속된 거야. 그런데 우리 로봇에 탑재된 인공 지능은 애초부터 세상을 0과 1의 두 가지 상태로만 보도록 만들어졌어."

"애개? 겨우 두 개의 수로 그런 복잡한 계산을 할 수 있다고?"

"하하, 내일은 내가 어떻게 세상의 정보를 받아들이는지 알려 줄게. 너는 0과 1로 복잡한 계산을 어떻게 할 수 있을지 생각해 봐."

"지금 알려 주면 안 돼? 오늘도 하루 종일 기다렸단 말이야."

"하하, 나를 만날 시간을 그렇게 기다렸다니 기분 좋은걸."

아날로그 벽시계는 긴바늘이 없어도 짧은바늘이 어떤 수에 가까이 있는지를 보면 몇 분일지 어림할 수 있어.

디지털 전자시계는 분을 나타내는 숫자가 없으니까 몇 분일지 전혀 어림할 수가 없구나.

0과 1로 정보를 받아들여

민형이는 학교에서 친구들과 놀면서도 어젯밤 알로의 말을 생각했어요.
'0과 1의 두 수로 세상의 모든 정보를 어떻게 받아들인다는 걸까?'
그러고 나서 주변을 둘러보니 맛있는 것, 재미있는 것이 정말 많았지요.
'세상에는 서로 다른 정보가 이렇게 많이 있는데 말이야.'

알로는 민형이를 **만나자마자** 질문을 했어요.

"민형아, 생각 좀 해 봤어?"

"응. **틈틈이** 생각해 봤는데 아무리 생각해도 모르겠어. 어떻게 두 수로만 세상을 볼 수 있다는 거야?"

"하하, 지금부터 하는 말을 잘 들어 봐. 우리들은 모든 정보를 0과 1로 바꿔서 받아들여. 뭐든 있으면 1, 없으면 0으로 바꾸면 돼. 이것을 이진법이라고 해. 일단 십진수를 이진법으로 바꾸는 건 아주 쉬워. 0은 그냥 0이고, 1은 그냥 1이야. 2부터는 자릿수를 바꾸면 돼. 십진법에서는 9보다 큰 수는 자릿수가 하나 **올라가잖아.** 이와 마찬가지로 이진법은 1보다 큰 수를 윗자리로 올려 나타내는 거야. 숫자 2는 이진법에서는 $10_{(2)}$, 3은 $11_{(2)}$, 4는 $100_{(2)}$, 5는 $101_{(2)}$, 6은 $110_{(2)}$이야."

있으면 '1', 없으면 '0'이라고?

"도통 무슨 소리인지 모르겠어."

민형이가 인상을 **찌푸리며** 울상을 지었어요.

"민형아, 너 나눗셈 할 줄 알지?"

"응. 간단한 나눗셈은 아주 잘해."

"그럼 3을 2로 나누면?"

"음. 몫은 1이고 나머지도 1이야."

"잘했어. 그걸 이진법으로 나타낼 수 있어. 어떤 수를 2로 차례로 나누어 몫이 0이 될 때까지 계산하는 거야. 그리고 각 나눗셈의 나머지를 역의 순서로 쓰면 돼. 그래서 3은 11$_{(2)}$가 되는 거야. 그럼 8을 이진수로 나타내 봐."

민형이는 알로가 알려 준 방법대로 **차근차근** 계산했어요.

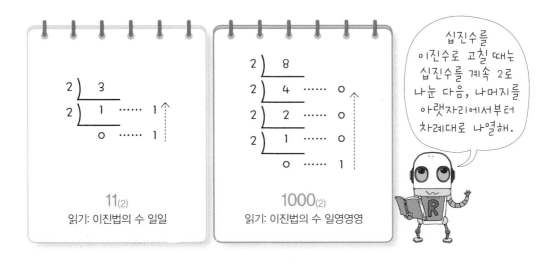

11$_{(2)}$
읽기: 이진법의 수 일일

1000$_{(2)}$
읽기: 이진법의 수 일영영영

십진수를 이진수로 고칠 때는 십진수를 계속 2로 나눈 다음, 나머지를 아랫자리에서부터 차례대로 나열해.

"알았다. 그럼 8은 1000$_{(2)}$로 나타낼 수 있는 거지?"

"맞았어. 규칙을 금방 알았구나. 이렇게 0과 1만 있어도 세상 모든 숫자를 다 나타낼 수는 있어. 단지 자릿수가 좀 길어질 뿐이지. 하지만 인공 지능에게는 자릿수가 아무리 길어도 다뤄야 할 수가 2개뿐인 게 훨씬 쉬워."

"숫자는 그렇다고 치고 다른 건 어떻게 0과 1로 바꿔서 저장한다는 거야? 예를 들면 그림이나 사진 등을 스캐닝한 이미지 정보가 어떻게 숫자 0과 1로 바꿔질 수 있는 거지?"

그러자 알로는 대답 대신에 언제 가져왔는지 스케치북을 펼쳤어요. 스케치북에서 민형이가 그린 그림을 찾아낸 알로는 그림 위에 쓱쓱 직선을 그어 모눈종이처럼 만들었어요.

"네가 그린 그림은 색연필로 그린 그림이라서 색이 칠해진 부분과 색이 칠해지지 않은 부분이 있어. 그래서 난 종이 전체를 이렇게 작은 칸으로 나눈 뒤 색이 칠해진 부분은 1, 칠해지지 않는 부분은 0으로 바꾸어 저장하는 거야. 이렇게 하면 그림 정보를 얼마든지 이진법 방식의 디지털 정보로 바꾸어 저장할 수 있어."

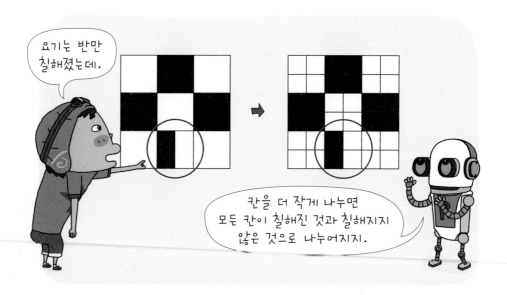

요기는 반만 칠해졌는데.

칸을 더 작게 나누면 모든 칸이 칠해진 것과 칠해지지 않은 것으로 나누어지지.

"그럼 요기처럼 반만 칠해진 부분은 어떡해?"

민형이가 반만 칠해진 칸을 가리키며 대듬 큰 소리로 물었어요.

"디지털의 문제는 그거야. 애매한 걸 파악할 수 없다는 거. 앞에서 얘기한 시계처럼 시만 알려 주는 디지털시계가 별로 쓸모없는 것처럼 말야. 그래서 디지

전자 초시계는 정밀하게 시간을 쪼개어 측정할 수 있다.

털 계기들의 성능은 얼마나 잘게 쪼갤 수 있느냐가 중요해. 예를 들면 분과 초뿐만 아니라 0.001초까지 알려 주는 전자 초시계는 아날로그 초시계보다 더 정확하게 시간을 알려 주잖아."

"아하, 그럼 그림도 더 잘게 쪼갠다는 거야?"

"맞아. 종이에 있는 모든 칸이 색이 칠해져 있는 칸과 그렇지 않은 칸으로 정확히 나누어질 때까지, 그림이 그려진 종이를 더 촘촘하게 나누는 거야. 그렇게 아주 작은 점보다도 더 작은 칸으로 쪼갤 수 있다면 그 정보를 모두 0과 1의 두 가지 부호로 저장할 수 있게 되는 거지. 난 이런 식으로 세상의 모든 숫자와 모든 이미지와 모든 정보를 0과 1의 두 가지 부호로 바꾸어 저장할 수 있어. 이렇게 정보를 모두 단순한 부호로 바꾸어 저장하기 때문에 정보를 찾을 때도 쉽게 찾을 수 있고, 계산도 빠른 거야."

"와, 얼마나 작게 쪼개야 할지 상상이 안 돼."

"그건 민형이 네가 상상하기 어려운 수야."

"알로한테는 디지털이 쉽지만 나한테는 어렵구나."

"그렇다고 실망할 건 없어. 세상은 대부분 아날로그로 이루어져 있으니까. 정확한 값을 따지고 계산하는 것보다는 대강 분위기로 파악하고, 직관적으로 맞추는 것에 익숙하지."

민형이는 귀를 쫑긋하며 열심히 알로의 설명을 들었어요.

"나이가 어린 아이들도 사람을 보면 그 사람이 피부가 희든 검든, 나이가 어리든 들었든, 키가 크든 작든, 남자든 여자든 간에 모두 '사람'이라는 걸 알지. 즉 비슷하게 닮은 것을 같은 부류로 묶는 걸 잘해. 그래서 옷을 쓱 봐도 '더럽다'와 '깨끗하다'를 잘 구별하고, 사람들의 표정을 보고 웃고 있는지 울고 있는지 금방 알 수 있어. 하지만 디지털 방식으로는 이걸 감지하기가 매우 어려워. 정확하게 값이 나누어지지 않으니까."

"음, 그러니까 나는 세상을 비슷한 것끼리 묶어서 아날로그 방식으로 보는데, 너는 세상을 하나하나 끊어서 디지털 방식으로 본다는 거잖아."

민형이는 이제야 알겠다는 듯 표정이 환해졌어요.

"그래. 그래서 아날로그 방식으로 접근해야 하는 건 사람에게는 굉장히 쉬운 일이지만 로봇에게는 매우 어렵고, 디지털 방식으로 접근해야 하는 건 사람에게는 매우 어려운 일이지만 로봇에게는 아주 쉽다는 거야."

"결론은 로봇이 바둑은 잘하지만 아기를 보는 것은 어렵다는 거지?"

"그래, 하지만 미래에는 스스로 학습하는 기계 학습과 사람의 뇌를 모방한 신경망 컴퓨터, 애매한 정보를 처리하는 퍼지 이론 등이 더욱 발달할 거야. 그래서 인간과 비슷하게 생각하고 판단하는 아날로그적 감성을 이해하는 뛰어난 휴머노이드가 개발될 거고. 그게 바로 나야."

"하하, 알로. 너 알고 보니 잘난 척쟁이구나! 로봇도 잘난 척할 수 있다니 어쩐지 낯선걸?"

Q | 이진법이 무엇일까?

A | 숫자 0과 1만을 사용하는 표기법이다. 우리가 일반적으로 사용하는 표기법은 0부터 9까지 수를 모두 사용하는 십진법이다. 십진수 0, 1, 2, 3, 4를 이진법으로 나타내면 $0_{(2)}$, $1_{(2)}$, $10_{(2)}$, $11_{(2)}$, $100_{(2)}$이다. 이진법은 컴퓨터에서 중요하게 사용된다. 컴퓨터는 0과 1의 두 상태로 구별되는 것이 많기 때문에 이진법이 사용된다.

Q | 십진수 11을 이진수로 나타내면 얼마일까?

A | 십진수를 이진수로 바꿀 때는 몫이 0이 될 때까지 계속하여 2로 나눈 뒤, 나머지를 아랫자리에서부터 차례로 나열한다. 계산 방법은 다음과 같다.

$$
\begin{array}{ll}
2\,\underline{)\,11} & 11 = 2 \times 5 + 1 \\
2\,\underline{)\,5} \cdots\cdots 1 & 5 = 2 \times 2 + 1 \\
2\,\underline{)\,2} \cdots\cdots 1 & 2 = 2 \times 1 + 0 \\
2\,\underline{)\,1} \cdots\cdots 0 & 1 = 2 \times 0 + 1 \\
\quad\;\; 0 \cdots\cdots 1 & \therefore 11 = 1011_{(2)}
\end{array}
$$

이렇게 십진수 11을 이진수로 나타내면 $1011_{(2)}$이다.

사람과 로봇의 지능은 무엇이 다를까?

 지능이란 지적 활동을 할 수 있는 능력이다. 사람은
뇌를 구성하는 신경 세포에 의해 지능이 만들어진다.
신경 세포가 없는 로봇은 어떻게 움직일지 프로그램
되어 있는 소프트웨어의 성능에 따라 지능이 달라진
다. 단순한 계산과 정보를 저장하는 능력은 로봇이 사
람보다 뛰어나다. 하지만 사람의 뇌가 가진 가장 중요
한 능력은 학습할 수 있는 능력이다. 갓난아이 때는

자신의 몸을 잘 가누지 못하고, 말도 하지 못하지만 시간이 지나면서 인간답게 성장할 수
있는 것은 뇌가 학습하기 때문이다. 반면 로봇은 인간처럼 학습할 수 있는 능력이 없다.
그래서 로봇을 연구하는 사람들은 사람의 뇌를 흉내 낸 '신경망'이라는 것을 만들어 '기계
학습'을 실험하고 있다.

 로봇이 창의적인 생각을 할 수 있을까?

 로봇이 창의적인 생각을 할 수 없다고 생각하는 과학자
들은 로봇이 문제 해결을 보다 잘할 수 있도록 로봇에
게 되도록 수많은 지식들을 넣어 주려고 한다. '얼룩이
묻어 있으면 더러운 것이다.', '아기는 배가 고프면 운
다.' 등 로봇이 판단하기 어려운 많은 지식들을 로봇의
인공 지능에 넣어 주어서, 로봇이 그 지식들을 기반으
로 사람처럼 판단하게 할 수 있도록 한다는 것이다. 미
국의 과학자 더글러스 레너트도 이런 생각을 가지고 로
봇에게 200만여 개나 되는 지식들을 넣어 주고 있다.

4장

로봇은
우리와
함께해

로봇이 만들어 낸 아름다움

　오늘은 '직업 체험의 날'이에요. 민형이네 학교에 다양한 직업을 가진 부모님들이 오셔서 저마다 자신이 하는 일에 대해서 설명하고, 아이들의 질문에 답을 해 주셨어요. 민형이는 안내장에 나온 부모님들의 직업을 살펴보았어요. 비행기 조종사, 소설가, 대학교수, 피아니스트, 제빵사, 야구 경기 심판, 소방관, 변리사, IT 전문가, 메이크업 아티스트 등 이름만으로 무슨 일을 하는지 짐작되는 직업도 있었고, 도대체 무슨 일을 하는지 알 수 없는 직업들도 있었어요.

　그리고 그날 밤 TV를 보다가 '향후 10년 내 로봇이 대체할 직업'이라는 뉴스를 봤어요. 10년 후 사라질 직업 중에서 낮에 오셨던 부모님들의 직업도 있었지요. 민형이는 기분으로 잠이 들었어요.

로봇 때문에 일자리가 없어지다니……

꼭 그렇지만은 않아.

　"민형아, 오늘은 왜 별로 말이 없어?"
　알로가 민형이에게 의아한 듯이 물었어요.

　"아까 낮에 야구 심판을 하시는 분을 보고 되게 맛있다고 생각했었거든. 그래서 나도 커서 심판이 되고 싶다고 생각했어. 그런데 미래에는 심판이 모두 로봇으로 바뀔 거래. 흑, 내 꿈이 사라지다니 슬프고 괴로워."

　"앞으로 사람이 하는 일을 대신 하는 로

봇들이 많아지는 건 사실일 거야. 하지만 그게 어때서? 원래 로봇을 만든 이유가 사람이 하는 일을 대신 시키기 위해서잖아. 그래서 일을 대신 하는 건데 왜 화가 나지?"

민형이의 대답을 듣고 알로가 고개를 **갸웃했어요.**

"사람이 하기 힘든 일이나 어려운 일을 대신 하라고 만든 거지, 사람이 하는 즐거운 일까지 대신 하라는 건 아니잖아!"

민형이는 얼굴이 **발개져서** 말했어요

"로봇인 내가 보기에 그건 모순이야. 원래 로봇이라는 말 자체가 '일, 노동'을 뜻하는 '로보타'에서 나온 말이잖아. 사람들이 하는 일을 대신 시키기 위해 로봇을 만들고는 이제 와서 로봇이 일을 아주 잘한다고 화를 내고 있으니 이해할 수가 없어. 왜 힘든 일만 로봇이 해야 한다고 생각해?"

알로가 차분한 목소리로 민형이에게 물었어요.

"네가 말했듯이 로봇이 잘할 수 있는 일이 있고, 사람이 잘할 수 있는 일이 있잖아. 그럼 로봇은 로봇이 잘하는 것만 하면 되지, 왜 자꾸 사람이 하고 싶은 일까지 대신 하려고 해?"

민형이는 시무룩한 표정으로 알로에게 되물었어요.

"그건 그만큼 로봇의 인공 지능 기술이 발달했기 때문이야. 이미 현실 세계에는 기자 로봇이나 화가 로봇, 소설가 로봇, 작곡가 로봇도 있는걸?"

"정말? 뉴스나 책, 그림을 로봇이 만들어 낸다고?"

민형이가 동그랗게 눈을 떴어요.

"응. 가장 먼저 등장한 건 기자 로봇이야. 컴퓨터가 스스로 단어들을 조합해 문장을 만들어 내기 시작한 건 이미 1950년대였고, 2000년대 들어서 직접 신문 기사를 쓰는 로봇들이 주요 신문사에서 활동하고 있어. LA타임즈의 기자 로봇인 '퀘이크봇(Quakebot)'은 미국 지질 조사국(USGS)에서

7번 선수 루이는 후반 13분경 중거리 슛으로……

골인!

기사도 쓰는 거야?

당연하지.

발표하는 정보를 탐지해서 지진 관련 기사를 제일 먼저 써내지. 지진이 일어나면 기자들은 지질 조사국에 가서 담당자를 인터뷰하고 취재하는 시간이 필요하지만, 퀘이크봇은 지질 조사국의 슈퍼컴퓨터에 직접 접속해서 정보를 얻을 수 있기 때문에 더욱 **빠르고** 정확하게 기사를 쓸 수 있어."

"맙소사, 로봇이 글을 쓰고 정리한다고?"

"응. 영국에는 기사들을 모아 직접 신문을 만드는 편집자 로봇도 있어. 2013년부터 영국 가디언지에서 발간된 '길지만 좋은 읽을거리'라는 주간 신문은 편집자 로봇이 1주일 동안 작성된 기사들 중에 댓글이 많이 달리고, 사람들이 많이 공유한 기사들을 선별해서 만든 신문이야."

"정말 사람과 똑같은 건가……. 아, 헷갈려."

민형이는 공연히 머리만 **긁적였어요.**

"기사를 쓰는 로봇뿐만 아니라 화가 로봇도 있어. 디지털 사진 기술을 가진 로봇은 실물처럼 정확하게 그림을 그릴 수 있지. 이때까지 사람들은 로봇이 창조적인 표현이나 아름다움을 묘사할 거라고는 생각하지 못했어. 하지만 2010년 미국의 화가 로봇 '아론(Aaron)'은 마치 사람처럼 스스로 색과 모양을 판단해 그림을 그렸어. 또 유명한 화가들의 화풍을 분석해서,

화가 로봇 아론이 그림을 그리고 있다.

어떤 그림이나 사진도 그 화가가 직접 그린 것처럼 감쪽같이 변환시켜 주는 로봇도 있어."

"와, 로봇들의 능력이 정말 대단하구나."

"소설을 쓰는 작가 로봇이나 노래를 만드는 작곡가 로봇도 있어. 2016년 일본의 '니케이 호시 신이치' 문학상 공모전에서는 소설가 로봇이 쓴 소설이 예심을 통과했어. 비록 상은 못 받았지만, 로봇도 사람이 읽을 만한 소설을 쓸 수 있다는 가능성을 확인한 거지. 또 2015년 미국에서는 작곡가 로봇 쿨리타(Kulitta)가 만든 연주곡을 사람들에게 들려주었는데, 대부분 사람이 만든 곡으로 생각했다고 해."

"그럼 앞으로는 기자, 화가, 소설가, 작곡가가 모두 사라지는 거야?"

"그렇지는 않아. 기자 로봇은 빠르고 정확하기는 하지만 어떤 기사가 더 중요한지 판단하거나 방향을 제시하지는 못하지. 또 소설가 로봇도 문장을 멋지게 만들 수는 있지만 글에 가치를 담지는 못해. 화가 로봇도 스스로 아름다움을 느끼지 못하기 때문에 진정한 감성과 예술성을 담지 못해. 하지만 상당 부분은 로봇이 할 수 있는 일과 사람이 할 수 있는 일이 겹쳐. 중요한 건 사람의 일과 로봇의 일을 딱 나누어 싸울 것이 아니라 로봇이 잘하는 것과 인간이 잘하는 것을 인정하고 보완하는 방법을 찾는 거야."

정말 옛날 작가가 살아 돌아와 그린 그림 같아.

10년 내 로봇이 대체할 직업

    미국의 뱅크 오브 아메리카(BOA)와 영국의 옥스퍼드 대학교 연구 팀은 앞으로 10년 내 로봇이 대체할 직업군을 제시했다. 운동 경기 심판과 전화 통신 판매원, 법무사 등은 대체할 확률이 90~100%에 이르고, 택시 기사, 어부, 제빵사 등도 확률이 꽤 높았다. 반면에 로봇이 대체하기 어려운 직업은 성직자, 의사, 소방관, 사진작가이다. 이처럼 미래에는 인공 지능과 로봇 기술의 발달로 상당수의 기존 직업이 사라지고, 기존에 없던 새 일자리가 만들어질 것으로 예상된다.

로봇이 대체할 확률	로봇이 대체할 직업			
0~20%	소방관	성직자	사진작가	의사
80~90%	택시 기사	어부	제빵사	패스트푸드 점원
90~100%	모델	운동 경기 심판	법무사	전화 통신 판매원

기계와 사람이 공존해

민형이는 영화 〈어벤저스〉 시리즈를 매우 좋아해요. 다양한 매력을 가진 슈퍼 히어로들 중에서도 민형이가 가장 좋아하는 건 아이언맨이에요. **아이언맨은** 돌연변이도 외계인도 초능력자도 아닌 토니 스타크라는 과학자가 빨간색과 황금색으로 칠해진 멋진 강화 슈트를 입고 슈퍼 히어로로 변신해요. 아이언맨의 강화 슈트는 토르의 망치와 헐크의 펀치를 막아 낼 정도로 단단하고, 비행 능력도 갖춰 어디든 자유롭게 날아다닐 수도 있어요. 민형이는 오늘도 〈어벤저스〉를 보다 잠이 들었어요.

"나도 아이언맨 슈트가 있으면 얼마나 좋을까? 그럼 어디든지 씽하고 날아갈 수 있을 텐데."

민형이가 **부러운** 표정으로 말했어요. 그러자 아이언맨 포스터를 보며 알로가 대수롭지 않다는 듯이 말했어요.

아이언맨 슈트가 착용 로봇이라고?

저건 착용 로봇이야.

"상당히 멋을 부리긴 했는데 결국 저건 착용 로봇의 영화 버전일 뿐이야."

알로가 딱 잘라 말하자 민형이가 씩 웃었어요.

"에이, 알로 너 질투하는구나? 하긴 아이언맨 슈트는 질투할 정도로 멋지지."

활동 보조용 착용 로봇   신체 강화용 착용 로봇

"난 로봇이야. 질투란 건 내 사전엔 없어. 난 다만 사실을 말할 뿐이라고. 현실에서 착용 로봇은 이미 오래전부터 연구해 왔어."

알로는 아무렇지 않게 말했지만 표정은 살짝 당황한 것 같았어요.

"착용 로봇이 뭔데?"

"착용 로봇이란 옷처럼 입는 로봇이라는 뜻이야. 갑옷 형태의 로봇이라고 생각하면 되는데, 갑옷을 입는 것처럼 로봇을 팔다리에 끼우면 로봇이 사람의 동작을 도와주거나 힘을 증폭시켜 주지."

민형이가 자꾸만 고개를 갸우뚱하자, 알로는 가볍게 한숨을 쉬고 영상을 하나 보여 주었어요. 로봇 옷을 입은 사람들이 걷거나 무거운 짐을 쉽게 옮기는 영상이었지요.

"사실 착용 로봇의 개념은 아주 오래전부터 있었어. 이미 1890년 러시아의 니콜라스 얀이 최초로 걷거나, 뛰는 동작을 도와줄 수 있는 기계를 디자인해서 특허를 받은 적도 있어. 그러다가 1960년대 미국에서 강한 힘을 낼 수 있게 만드는 '파워 슈트(Power Suit)'라는 착용 로봇 연구가 본격적으로 시작되었지. 처음에 착용 로봇은 주로 군인들을 위해서 연구되었어."

"왜 군인들을 위해 연구된 거지?"

"군인들은 위험한 외딴곳에서 일하고, 생존에 필요한 물품들을 무겁게 짊어지고 다녀야 했으니까. 그래서 전장에서 군인들의 생명을 보호하고, 무거운 장비들을 운반하기 쉽도록 착용 로봇을 연구한 거야. 그렇게 만들어진 착용 로봇인 'HULC(Human Universal Load Carrier)'는 최대 90kg의 짐을 메고 1시간에 16km 정도를 거뜬히 움직일 수 있어."

"오, 사람과 로봇이 함께 움직이는 거네. 착용 로봇은 군인들만 사용해?"

민형이가 호기심에 가득 찬 눈빛으로 물었어요.

"아니. 처음엔 군사용으로 개발되었지만, 최근에는 산업용 착용 로봇, 환자 보조용 착용 로봇, 노인 보조용 착용 로봇이 더 많이 연구되고 있어."

"착용 로봇의 역할이 다양하구나."

"응. 산업용 착용 로봇은 공장에서 무거운 짐을 옮기거나 위험한 기계를 다루는 일을 돕는 역할을 해. 예를 들어 일본에서 개발된 산업용 착용 로봇 '파워 로더(Power Loader)'는 입은 사람의 근육 힘을 증폭시켜 110kg의 짐을 거뜬하게 옮길 수 있어 그리고 환자용이나 노인용 착용 로봇은 몸이 불편한 환자나 노인들의

우아, 미래에는 착용 로봇을 입고 하늘을 날 수도 있어!

일상생활을 보조하는 역할을 하거나, 걷지 못하는 환자들이 다시 걷고 움직일 수 있도록 돕지."

"와, 혹시 우리나라에서도 만들고 있어?"

"응. 우리나라에서 개발된 '하이퍼 R1'은 소방관들을 위해 개발된 착용 로봇이야. 뜨거운 화재 현장에서 20kg이 넘는 무거운 산소통을 메고 움직여야 하는 소방관들의 움직임을 돕기 위해 개발되었어."

"나도 입어 보고 싶다."

"좋아, 현실에서는 아이언맨 슈트가 개발되지 않았지만, 여긴 휴머노이드 세계이니까 아이언맨 슈트를 입을 기회를 줄게."

"역시 알로 네가 아이언맨보다 더 멋지다니까!"

민형이가 손가락을 척 올렸어요. 곧 민형이는 번쩍번쩍 빛나는 아이언맨 슈트를 입고 하늘을 날았어요.

로봇과 사람의 결합

휴일을 맞아 민형이는 시골에 계신 할머니 댁에 다녀왔어요. 이번 여행은 대성공이었어요. 자동차 대신 기차로 내려간 덕에 시간도 덜 걸리고 멀미도 안 했으니까요. 또 할머니와 할아버지, 엄마와 아빠, 민형이와 민서까지 모든 식구가 사진관에 가서 사진도 찍었어요. 집에 와서 파일로 저장된 사진들을 하나하나 살펴봤는데 그중에 이런 사진이 있었어요. 민서와 할머니의 손을 찍은 사진이었지요. 작고 **통통한** 아기의 손과 주름진 할머니의 손이 포개진 모습은 어쩐지 뭉클한 느낌이 들었어요.

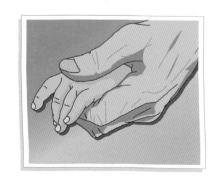

"알로, 손 좀 내밀어 봐."

민형이는 알로가 내민 손을 잡았어요. 휴머노이드인 알로의 손은 사람과의 접촉을 생각해서 부드러운 재질로 감싸져 있었어요. 민형이는 차갑지도 뜨겁지도 축축하지도 않은 알로의 손을 보고 말했어요.

"알로는 태어날 때부터 이런 손이었지? 앞으로도 계속 이럴 거고. 내 손은 지금은 알로보다 작지만 어른이 되면 더 커질지도 몰라. 손이 커지는 건 좋은데, 할머니처럼 나이 들어서 **쭈글쭈글해지는** 건 별로야."

민형이가 이마에 주름을 잡으며 말했어요.

"지금까지 모든 사람들이 그래 왔듯이 너도 시간이 지나면 성장하다가

결국은 늙어 가겠지. 하지만 네가 어른이 되었을 때쯤에는 달라질지
도 몰라. 이걸 봐."

알로가 보여 준 건 예쁜 여자 무용수와 멋진 남자 무용수가 함께 춤을
추는 영상이었어요. 그런데 자세히 보니 여자 무용수의 오른쪽 다리는 진
짜 다리였지만, 왼쪽 다리는 로봇 다리였어요. 로봇 다리를 달고서 마치 진
짜 다리처럼 자연스럽게 춤을 추었지요.

춤이 끝나자 민형이는 자기도 모르게 손바닥에 불이 나도록 박수를 쳤
어요. 여자 무용수는 감격에 겨워 눈물을 흘리며, 무대 위로 올라온 한 아
저씨와 포옹을 했어요. 그 아저씨는 여자 무용수의 로봇 다리를 개발한 과
학자라고 알로가 알려 줬어요.

"어? 저, 저 아저씨 다리가?"

갑자기 민형이가 두 눈을 크게 떴어요. 자세히 보니 로봇 다리를 발명한

과학자도 두 다리가 모두 로봇 다리였어요.

"저분은 미국 매사추세츠 공과 대학교(MIT)의 생체 공학자 휴 헤르 박사
야. 헤르 박사는 삼십여 년 전에 큰 사고로 두 다리를 잃었어. 그리고 그걸
계기로 생체 공학자가 되었어."

"와, 두 다리를 잃고도 좌절하지 않았다니 정말 대단한 분이시구나. 그런
데 로봇의 움직임은 뻣뻣하다고만 생각했는데 어쩌면 저렇게 자연스럽
게 움직일 수 있지? 다시 봐도 신기해."

민형이가 들뜬 표정으로 말했어요.

"그건 헤르 박사가 만든 로봇 다리에는 인공 지능 프로그램이 들어 있기
때문이야. 박사의 로봇 다리는 사람 다리의 움직임을 파악해서 그대로 재
현하도록 만들어졌어. 그래서 이것을 장착하면 자연스럽게 걸을 수 있
고, 비탈진 길이나 계단도 문제없이 올라갈 수 있어. 그리고 지금 네가 본
것처럼 춤을 출 수도 있지."

"팔이나 다리에 장애를 가진 사람들에
게 많은 도움이 되겠네."

"응. 이처럼 최근에는 사람이 조종하는
원격 조종 로봇이나 착용 로봇뿐만 아니
라 사람이 스스로 로봇과 연결하는 경우
가 있어. 이렇게 로봇과 사람의 결합을
사이보그라고 해. 어쩌면 사이보그는 미
래의 인류가 진화하는 또 다른 모습이 될
수도 있어. 지금은 장애를 가진 사람들

오른팔이 없이 태어난 소년의 몸에
장착된 생체 공학 팔이다.

의 움직임을 도와주기 위해 개발되고 있지만, 앞으로 사이보그 기술이 점점 더 좋아져서 일반 사람의 팔이나 다리의 기능을 강화하는 역할을 할 수 있는 날이 오면 어떨까? 사람의 몸은 나이가 들면 점점 **늙어 가지만** 기계화된 사이보그의 몸은 늙지 않으니 어쩌면 사람들은 사이보그가 되는 걸 스스로 선택할지도 몰라."

"사이보그라, 어쩐지 멋져 보이긴 하지만 그래도 난 아직까지는 내 팔과 내 다리가 더 좋은 거 같아."

민형이는 자신의 몸 일부를 로봇으로 대체한다는 것이 아직은 **낯설고** 두려운 느낌마저 들었어요.

로봇 팔을 달았더니 일을 하는 속도가 훨씬 빨라졌어.

나는 팔과 다리를 모두 로봇으로 바꾸었어.

로봇 다리를 달았더니 산을 쉽게 오를 수 있는걸.

오호, 사이보그가 되면 이런 느낌인가?

현실 속 태권 브이

일요일 오후 거실에서 아빠가 민형이를 불렀어요.

"민형아, 이리 와서 아빠랑 이거 같이 볼래?"

민형이는 거실로 나갔어요. TV에서는 촌스러운 그림체에 옛날 말투를 쓰는 주인공들이 나오는 만화 영화가 방영되고 있었어요. 딱 봐도 아주 옛날에 만들어진 것 같았어요.

"이건, 아빠가 어렸을 때 정말로 좋아하던 만화 영화 〈로보트 태권 V〉야. 아빠랑 같이 보자."

〈로보트 태권 V〉는 1976년 한국에서 제작된 극장용 애니메이션 영화이다.

아빠는 무지 신나 보였어요. 마치 **어린애처럼** 말이죠. 〈로보트 태권 V〉는 주인공 훈이가 거대 전투 로봇 '태권 브이'를 조종해 지구의 평화를 지키는 내용이었어요. 적과 격투를 벌일 때 훈이와 태권 브이는 한 몸이 되어 훈이가 하는 태권도 동작을 태권 브이가 정확히 따라 하면서 적과 싸웠지요. 그날 밤 민형이는 낮에 본 만화 영화를 **떠올리며** 잠이 들었어요.

"민형아, 〈로보트 태권 V〉를 보면서 어떤 느낌이었어?"

"아빠는 엄청 좋아하셨는데 솔직히 그림도 엉성하고, 말하는 것도 어색

118

했어. 그래도 훈이가 하는 태권도를 로봇이 따라 하는 건 재미있었어."

민형이가 어깨를 으쓱하며 말했어요.

"그런데 태권 브이가 어떻게 훈이가 하는 태권도 동작을 정확히 따라 할 수 있는 거지?"

민형이가 갑자기 궁금한 듯이 물었어요.

"그건 신경 신호 전송과 뇌파 전송으로 가능해. 2002년 영국의 레닝 대학교 인공 두뇌학과 교수인 케빈 워윅 박사는 자신의 팔에 신경 송신기를 달아서 로봇 팔을 움직이는 데 성공했어. 케빈 워윅 박사는 아래 팔 앞쪽 신경에 손톱만한 기계 장치를 이식했지. 이 장치는 뇌에서 팔의 근육과 힘줄에 보내는 신호를 인식하고, 팔에서 뇌로 가는 신경 자극과 근육의 움직임을 인식하는 신호 인식 장치야. 동시에 몸의 신호를 로봇에 보낼 수 있는 체내형 무선 송신기이기도 해. 이 장치를 통해 몸 밖에 있는 로봇 팔을 움직일 수 있지."

"와, 멋있긴 한데 몸속에 기계 장치를 넣는 수술을 받아야 하잖아. 난 아픈 건 딱 질색이야."

민형이가 얼굴을 찡그리면서 손을 내저었어요.

"굳이 그럴 필요는 없어. BCI (Brain-Computer Interface)라는 기술이 있거든. 사람의 뇌와 컴퓨터를 연결해서 서로 정보를 주고받는 기술이지. 직접 뇌 속에

내 팔의 신경에 송신기를 달면 로봇 팔에 신호를 보낼 수 있어.

케빈 워윅

마이크로칩을 이식할 수도 있지만, 간단히 머리에 뇌파를 송신하는 장치를 붙여서 만들 수도 있어."

"머리에 장치를 붙인다고?"

민형이의 눈이 휘둥그레졌어요.

"응. 사람의 뇌에 있는 신경 세포들은 전기적 신호로 정보를 전달해. 전자 제품들이 전자파를 내보내는 것처럼 신경 세포들도 뇌파를 만들어 내는 거지. 과학자들은 오래전에 이 뇌파를 측정하는 장치를 개발해 냈어. 그런데 뇌파를 연구하다 보니, 신경 세포들이 무슨 일을 하고 있는지에 따라 조금씩 다른 뇌파가 나온다는 것을 알아냈지. 그래서 이 뇌파를 로봇을 조종하는 데 이용할 수 있는 방법을 찾았어."

"그럼 나도 뇌파를 내보내고 있는 거야?"

"물론이지. 눈에 보이지는 않지만 사람은 끊임없이 뇌파를 내보내고 있어. 과학자들은 사람의 머리에 뇌파를 감지하는 장치를 씌운 뒤 컴퓨터와 연결하고, '걷는다'는 생각과 '선다'는 생각을 계속하게 했어. 그런 다음 이 뇌파를 로봇에 연결시켜서 사람을 대신해 로봇이 걷거나 설 수 있게 했지."

"우아, 그럼 가만히 앉아서 생각만 하면 로봇이 다 해 준다는 거잖아?"

민형이의 입이 쩍 벌어졌어요.

"그래. 그래서 이 기술은 전신

걷는다. 걷는다. 선다!

뇌파로 조정해 봐.

마비 환자나 우주 비행사에게 꼭 필요한 기술이야. 사고나 질병으로 온몸이 마비되었지만 생각을 할 수 있는 사람이라면 뇌파로 로봇을 움직여 생활하는 데 불편함을 줄일 수 있겠지. 또 우주나 깊은 바닷속처럼 사람이 가기엔 너무 위험한 곳에 로봇을 대신 보내고, 뇌파로 조종한다면 안전하게 임무를 수행할 수 있을 거야."

"그러니까 머릿속으로 '숙제해라' 하고 생각만 하면 로봇이 내 숙제를 알아서 척척 다 해 준다는 거잖아?"

민형이가 한껏 들뜬 표정으로 물었어요.

"그렇겠지. 하지만 그때쯤이면 넌 더 이상 숙제할 나이가 아닐걸."

"아, 그렇구나. 에잇, 좋다 말았네."

민형이가 잔뜩 실망스러운 표정으로 말했어요.

"어른이 된다는 게 이렇게 아쉬울 줄이야."

팔이나 다리를 사용할 수 없는 장애인들의 뇌에 칩이나 센서 같은 기계 장치를 넣어 로봇을 움직이는 연구가 계속되고 있어.

전신 마비 환자가 뇌파로 로봇 팔을 조종해 음료를 마실 수 있는 방법도 개발되고 있다.

우아, 알로! 넌 하나도 변하지 않았어.

민형아, 안녕? 잘 지냈어?

"민형아, 아마 네가 어른이 되었을 때면 우린 현실 세계에서 다시 만날 거야. 하지만 그때 너와 내가 친구일지, 아니면 서로를 공격하는 적일지는 알 수 없어."

"갑자기 무슨 소리를 하는 거야? 너와 내가 적이라니?"

민형이가 말도 안 된다는 듯이 황당한 표정으로 말했어요.

"우리의 미래가 어떤 미래일지 결정하는 건 결국 너와 사람들이야. 넌 어떤 모습으로 나를 만나고 싶니? 그리고 네가 선택한 미래를 위해 어떤 준비를 해야 할까?"

민형이는 알로의 **갑작스러운** 질문에 무척 당황했어요.

"글쎄 잘 모르겠어. 하지만 확실한 건 결코 너와 적이 되고 싶지는 않아."

"그건 나도 마찬가지야. 미래에 어른이 된 너를 다시 만났을 때 변함없이 친구이고 싶어."

어쩐지 알로의 모습이 점점 **희미해지고** 있는 듯했어요.

"어, 알로 이상해. 네가 점점 사라지고 있어."

민형이가 깜짝 놀라 소리쳤어요.

"내가 너에게 해 줄 이야기는 여기까지야. 이제 우리가 헤어질 시간이 되었어. 곧 너와 나를 연결했던 신경 접속이 끊어진 거야."

"그럼 이제 더 이상 너랑 만나지 못하는 거야?"

"응. 하지만 아까 말했듯이 네가 어른이 되면 현실 세계에서 다시 만날 수 있을 거야."

"알로……."

민형이는 한동안 슬픈 표정으로 말을 잇지 못했어요. 그리고 사라져 가는 알로를 향해 **큰 소리로** 외쳤어요.

"알로, 나 결심했어. 널 다시 만날 때까지 인간과 로봇이 잘 어울려 살아가는 세상을 만들기 위해 로봇을 연구할 거야."

"후후, 역시 널 만나러 오길 잘했어. 민형이 넌 잘할 수 있을 거야."

알로는 사라졌지만 민형이의 머릿속에는 알로의 마지막 목소리가 계속 들리는 것 같았어요.

STEAM 쏙
교과 쏙

 │ 로봇이 사람을 위로해 줄 수 있을까?

 │ 로봇이 처음 만들어졌을 때 로봇은 주로 인간이 하기 힘든 일이나
할 수 없는 일을 대신 해 주었다. 오늘날에는 사람의 마음을 안정
적으로 만들어 주는 로봇도 등장하였다. 로봇 강아지가 그중 하나
이다.

애완동물은 사람에게 즐거움을 주고, 우울한 마음을 달래 준다. 로
봇 강아지는 애완동물과 마찬가지로 사람들의 마음을 안정시켜 주

아이보

고 위로해 준다. 세계 최초의 애완용 로봇은 일본에서 만든 '아이보(AIBO)'이다. 아이보는 주
인을 따라다니며 재롱을 부리기도 하고 짖기도 했다. 또한 주인에 따라 성격도 달라져서 큰
인기를 끌었다.

Q │ 영화에 출연한 로봇이 있을까?

A │ SF 영화에서는 로봇이 종종 등장한다. 1977년 영화 〈스타워
즈〉에 나오는 R2D2는 연기자가 로봇 연기를 한 것이지만,
실제 로봇이 영화에 출현하기도 한다. 영화 〈아나콘다〉에 나
온 아나콘다는 실제 크기로 만들어진 로봇이다. 실제로 아
나콘다는 어두운 녹색으로 몸길이가 6~10m인 큰 뱀이다.
영화를 만든 사람들은 아나콘다 모양의 로봇을 만들어 영화
를 촬영했다. 아나콘다 로봇은 복잡한 원격 제어 기술을 이
용하여 매우 사실적으로 움직일 수 있었다.

R2D2

| 태권 브이는 어떤 로봇일까?

〈로보트 태권 V〉는 우리나라의 김청기 감독이 만든 극장용 만화 영화로 1976년에 개봉했다. 〈로보트 태권 V〉에는 '태권 브이'라는 로봇이 등장한다. 태권 브이는 우리나라 고유의 전통 무예인 태권도를 하며 적과 싸운다. 태권 브이는 스스로 움직이는 로봇이 아니라, 사람이 태권 브이에 탑승해서 움직임을 조종해야 하는 로봇이다. 영화는 태권 브이가 붉은 제국의 로봇들과 싸워 승리한다는 이야기다.

당시 영화 〈로보트 태권 V〉는 많은 사람들에게 사랑을 받았고, 후속 영화도 만들어졌다.

 | 로봇도 스포츠를 할 수 있을까?

2015년 대전에서 세계 로봇 축구 연맹(FIRA) 로봇 월드컵이 열렸다. 전 세계 15개국에서 61개 팀이 로봇 월드컵에 참가해 첨단 로봇들의 축구 실력을 뽐냈다.

로봇 월드컵은 1995년에 첫 대회를 시작으로 2015년에 20주년을 맞았다. 로봇 월드컵에 참여하는 로봇들은 카메라로 공의 위치를 파악하고, 움직일 위치와 방향을 찾는다. 주 컴퓨터에서는 무선 통신으로 로봇들에게 어떻게 움직일지를 전달하고, 로봇들은 이 명령에 따라 공격하거나 수비를 한다.

핵심 용어

가시광선
전자기파 중에서 사람의 눈으로 볼 수 있는 빛. 빨강, 주황, 노랑, 초록, 파랑, 남색, 보라 7가지 색이 있음. 전자기파 중 가시광선의 빨강보다 파장이 긴 빛을 적외선, 가시광선의 보라보다 파장이 짧은 빛을 자외선이라고 함.

기보
한 판의 바둑을 둔 내용을 적은 기록 또는 바둑을 두는 방법을 적은 책.

디지털
세상의 모든 물질과 정보를 하나씩 떨어진 존재로 인식하여 0과 1의 조합으로 바꾸어 처리하는 것. 모든 데이터를 한 자리씩 끊어서 정수로만 나타냄.

딥 러닝(deep learning)
인공 신경망을 기반으로 실제 경험을 통해 더 좋은 것을 스스로 선택할 수 있도록 기계를 훈련시키는 기계 학습 방식. 구글 딥 마인드의 인공 지능 바둑 프로그램인 알파고에 적용된 기술임.

무한궤도
차바퀴 둘레에 강판으로 만든 벨트를 걸어 놓은 장치. 지면과 접촉면이 넓어 험한 길이나 비탈길도 잘 갈 수 있어 탱크, 불도저 따위에 이용됨.

사이보그(cyborg)
인공두뇌학을 뜻하는 cybernetic과 생물을 뜻하는 organism의 합성어로 생물과 기계 장치의 결합체를 뜻함. 뇌를 제외한 몸의 일부나 전체가 기계인 존재.

센서
빛, 온도, 소리, 압력 등의 정보를 알아내는 기계 장치.

스캐닝
화면을 여러 개의 점으로 작게 나누고, 그 점을 전기 신호로 바꾸어 촬영하는 것.

시냅스
뉴런 상호 간 또는 뉴런과 다른 세포 사이의 접합 부위. 뉴런의 신경 흥분이 시냅스를 거쳐 다른 신경 세포에 전해짐.

아날로그
세상의 모든 정보를 닮은 것으로 보며, 연속적으로 변화하는 양을 나타냄. 디지털과 반대되는 성질을 가짐.

안드로이드
생김새와 피부까지 인간의 모습과 거의 똑같고, 행동과 표정도 인간과 거의 유사한 로봇.

원격 조종 로봇

유선이나 무선에 의해 외부의 명령을 받아 움직이는 로봇. 원격 조종을 통해 사람들이 접근하기 위험한 곳에도 갈 수 있어, 재난 현장에서 생존자를 찾거나, 전장에서 폭탄과 지뢰를 탐색하는 일에 유용하게 쓰임.

인공 지능

사람의 특성인 생각하고, 배우고, 느끼는 등의 능력을 컴퓨터 프로그램으로 실현한 기술. 사람의 말을 알아듣거나, 병을 진단하는 전문 진단 프로그램 등에 적용됨.

자기 테이프

마그네틱테이프라고도 부르는 테이프 형식의 외부 기억 장치. 플라스틱 테이프의 표면에 산화 철 등 자기장에 반응하는 자성 물질을 발라서 만듦. 한때 컴퓨터 보조 기억 장치로 많이 쓰였지만 최근에는 다른 장치로 거의 대체됨.

전자기파

전기장과 자기장이 시간에 따라 변할 때 발생하는 파동. 전자기파에는 가시광선, 자외선, 적외선, X선, 라디오파, 마이크로파 등이 있음.

착용 로봇

신체 기능을 강화하도록 옷처럼 입는 로봇. 노약자와 장애인의 활동을 보조하고, 산업 현장이나 전장에서 무거운 물건을 옮기고 정찰하는 일에 쓰임.

파동

한곳에서 생긴 진동이 주위로 멀리 퍼져 나가는 현상. 수면에 생기는 물결파나 음파, 전자기파, 초음파, 지진파 등이 있음. 파도 모양을 닮은 곡선으로 표현하고, 파동이 가장 높은 곳인 마루와 마루 또는 파동이 가장 낮은 곳인 골과 골까지의 거리를 파장이라고 함. 파동이 1초 동안 진동하는 횟수를 진동수라고 하고 단위는 Hz(헤르츠)를 사용함.

퍼지 이론

애매하고 불분명한 상황에서 여러 문제들을 판단하고 결정하는 과정에 대하여 수학적으로 접근하려는 이론. 0과 1로만 데이터를 처리하던 컴퓨터가 인간이 생각하는 것처럼 다양한 결정을 할 수 있도록 만든 이론임.

휴머노이드

머리, 몸통, 팔, 다리가 있고, 두 다리로 걷는 인간형 로봇을 통틀어 일컫는 말. 인간과 겉모양만 비슷한 게 아니라, 인식 기능과 운동 기능도 비슷한 로봇.

일러두기

1. 띄어쓰기는 국립국어원에서 펴낸 「표준국어대사전」을 기준으로 삼았습니다.
2. 외국 인명, 지명은 국립국어원의 「외래어 표기 용례집」을 따랐습니다.